数学大爆炸

① 数学家追梦

于启斋 著
蓝色小象 绘

电子工业出版社.
Publishing House of Electronics Industry
北京 · BEIJING

图书在版编目（CIP）数据

数学大爆炸. ①, 数学家追梦 / 于启斋著 ; 蓝色小象绘. -- 北京 : 电子工业出版社, 2024. 9. -- ISBN 978-7-121-48897-9

Ⅰ. O1-49

中国国家版本馆CIP数据核字第20244P9N38号

责任编辑：王佳宇

印　　刷：北京启航东方印刷有限公司

装　　订：北京启航东方印刷有限公司

出版发行：电子工业出版社

　　　　　北京市海淀区万寿路173信箱　邮编：100036

开　　本：880×1230　1/16　印张：19.5　字数：234千字

版　　次：2024年9月第1版

印　　次：2024年9月第1次印刷

定　　价：158.00元（全6册）

凡所购买电子工业出版社图书有缺损问题，请向购买书店调换。若书店售缺，请与本社发行部联系，联系及邮购电话：（010）88254888，88258888。

质量投诉请发邮件至zlts@phei.com.cn，盗版侵权举报请发邮件至dbqq@phei.com.cn。

本书咨询联系方式：电话（010）88254147；邮箱wangjy@phei.com.cn。

目 录
Contents

泰勒斯巧测金字塔

一天，古希腊伟大的哲学家和思想家泰勒斯来参观金字塔。此时，金字塔已经建成两千年了。

古埃及人建造的金字塔巍峨耸立。许多游客慕名而来，他们仰视着金字塔，赞叹它的雄伟。

有人认出了泰勒斯，便问他：

两千年来，从没有人测量出金字塔的高度，泰勒斯先生，您可以做到吗？

其他游客也发现了泰勒斯，他们纷纷向泰勒斯请教金字塔的具体高度。面对热情的游客，泰勒斯答应测量一下。

从现在开始，你要一直测量我的影子的长度。

好的。

助手按照泰勒斯的吩咐，不停地测量着泰勒斯影子的长度，并且仔细地记录。

等影子的长度和我的身高一样时，要马上告诉我。

好的。

助手不断地测量和记录，当影子的长度和泰勒斯的身高一样时，助手连忙告诉泰勒斯。泰勒斯立即来到金字塔顶端在地面的投影处，挥手画下标记。

当随着太阳的升高，太阳光线由点 C 逐渐移动到点 A 时，直角三角形 COB 变成了等腰直角三角形 AOB，则 $AO = OB$，测量的水平距离 AO 就等于塔高 OB。

助手急忙来到金字塔附近，测量金字塔顶端垂直于地面的位置到泰勒斯做的标记处的垂直距离。这比爬上金字塔测量高度简单多了！测量出这段距离后，助手做下记录，并把数据告诉了泰勒斯。

B

45°

C

45°

A

O

这就是金字塔的高度！

根据什么原理得出的结论？

当太阳光与地面的夹角为45°时，阳光照射到人的身上，地面上的影子的长度和人的身高就是一样的，此时人和影子便是一个等腰直角三角形的两条直角边。

其他物体也是一样的。此时此刻，金字塔在地面投影的长度就是金字塔的实际高度！

原来是这样！

真是精妙绝伦的办法！

真棒！

开脑洞

等腰直角三角形是一种特殊的三角形，它的两条直角边相等，两个锐角都是45°。

如左图所示：

$AB=BC$，$\angle B=90°$，$\angle A=\angle C=45°$。

你的身边有哪些物品是等腰直角三角形呢？

毕达哥拉斯与勾股定理

一天，毕达哥拉斯去朋友家做客。朋友的家里有很多宾客，大家高谈阔论，热闹非凡。可是，毕达哥拉斯却一个人在角落里低头坐着，显得很不合群。

实际上，毕达哥拉斯是被地砖上的花纹吸引了，他在仔细观察这些花纹——黑白两色的三角形图案再组合成正方形，按照一定的顺序依次排列，图案严谨而优美。

这地砖真是太迷人啦！

地砖有什么好看的？

毕达哥拉斯根本顾不上回答，他已经陷入了沉思：

这些三角形为什么排列得如此完整？不同的三角形之间边长是不一样的呀……

毕达哥拉斯开始认真观察。

如果将三个正方形的面积分别用 $S1$、$S2$、$S3$ 表示，他发现，两个红色正方形 $S1$、$S2$ 分别由相等的两个三角形组成，$S1$ 和 $S2$ 之和就是四个三角形的面积。而蓝色正方形是由四个三角形组成的，正好等于两个红色正方形的面积之和，即 $S1+S2=S3$。

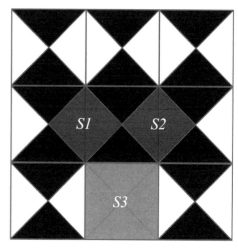

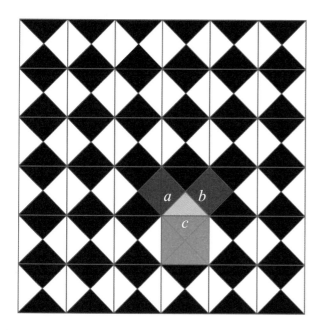

如果将三个正方形中间的三角形的三条边分别用 a、b、c 表示（$a=b$），那么……

毕达哥拉斯趴在地上计算起来：

以 a 为边长的正方形，面积（$S1$）是 $a×a=a^2$，以 b 为边长的正方形，面积（$S2$）是 $b×b=b^2$。

而以 c 为边长的正方形，面积（$S3$）是 $c×c=c^2$。

既然 $S1+S2=S3$，也就是说，$a^2+b^2=c^2$！

客人们十分惊讶，立刻测量地上的三角形三边的长度，并根据长度进行计算，结果和毕达哥拉斯说的一模一样。

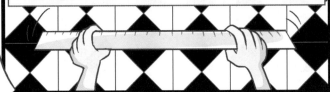

又有客人在纸上画了腰长不相等的直角三角形进行计算，结果发现，即使 $a \neq b$，$a^2+b^2=c^2$ 同样成立。

在直角三角形中，两条直角边的长度的平方加起来等于斜边的长度的平方。

大家都没想到，当客人们在聚会中畅聊时，毕达哥拉斯竟从地砖上的图案得出了一个有趣的数学定理：$a^2+b^2=c^2$！

为了纪念毕达哥拉斯，人们称这个定理为毕达哥拉斯定理，也叫勾股定理。现在，距离毕达哥拉斯发现勾股定理已经过去2500多年了，人们依然在使用勾股定理！

开脑洞

勾股定理是针对直角三角形的，直角三角形中有一个角是直角。

直角三角形有三条边，短直角边叫"勾"，长直角边叫"股"，斜边叫"弦"。

勾、股、弦三者之间的特殊关系就是"勾"的平方加上"股"的平方等于"弦"的平方。

我们用字母来表示就是 $a^2+b^2=c^2$。

公式变换：$a^2=c^2-b^2$，$b^2=c^2-a^2$。

当我们知道了它们的关系后，就可以通过公式的变换，在得知其中两条边后，算出另外一条边的长度。

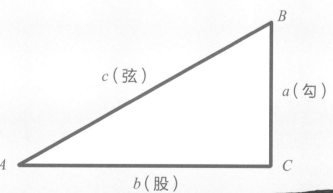

中国古代顶尖的数学家

祖冲之是我国南北朝时期杰出的数学家和天文学家。他平时酷爱钻研自然科学，最突出的成就是将圆周率精确到了小数点后的第7位。

圆周率就是圆的周长和直径的比值。这是一个无限不循环小数，小数点后的数字变化得无穷无尽，毫无规律可循。

为了计算圆周率，祖冲之便在一个圆内画一个内接正多边形，得出这个内接正多边形的边长后，再计算其周长，用得到的周长除以圆的直径，从而得出圆周率的近似值。正常情况下，这个圆的内接正多边形的边数越多，得出的数值就越精确。

这肯定难不倒我！

他先从圆的内接正六边形的边长开始计算，得出答案后，又继续计算圆的内接正十二边形，接着计算圆的内接正二十四边形，再计算圆的内接正四十八边形……随着边数的成倍增加，难度也在不断加大。

由于当时没有算盘，阿拉伯数字也没有传入中国，所以祖冲之的运算过程全靠算筹来完成。算筹，就是由一根根竹子削成的小竹棍。

随着运算量的增加，祖冲之需要的算筹越来越多，他便对儿子祖暅（gèng）说：

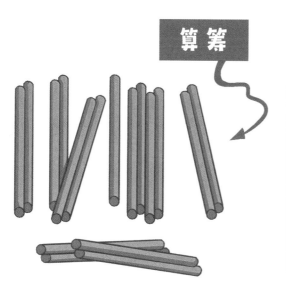

算筹

祖冲之和祖暅砍回竹子后，再将竹子劈成细条，然后把细条截成一根一根的小竹棍，做成算筹。慢慢地，院子里出现了一座座由算筹堆成的小山。

祖冲之夜以继日地计算，即使手指头磨破，鲜血滴到算筹上，他也没有停止。

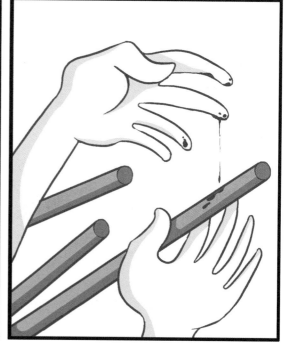

经过艰苦的计算，祖冲之一直算到内接正12288边形……内接正24576边形……

随着计算的不断精确，圆周率的精确性也随之逐渐提高。

正12288边形的周长是3.14159251丈；

正24576边形的周长是3.14159261丈；

由此可以看出，正24576边形的周长比正12288边形的周长只增加了0.0000001丈。

祖冲之终于得出了比较精确的圆周率：

如果圆的直径为1，那么圆周率大于3.1415926（朒数），小于3.1415927（盈数）。

这个结果用现代的数学方法可表示为：

$$3.1415926 < \pi < 3.1415927$$

若是没有为科学献身的精神和超出平常人的毅力，祖冲之就不会完成这个伟大的计算，获得如此高的成就！

中国古代有用分数表示数量的习惯，为此，祖冲之又提出了圆周率的近似值：

约率：$\pi = \dfrac{22}{7}$，

密率：$\pi = \dfrac{355}{113}$。

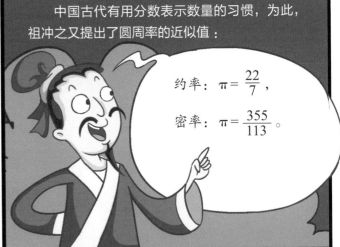

后者约等于3.1415929，比较精确，称为"密率"。

前者近似于3.14，比较简单，称为"约率"。

密率是祖冲之的一项伟大发现，与现代人计算得到小数点后2000位的圆周率数值相比，相差不到千万分之四。

并且，$\frac{355}{113}$ 是一个很有趣的数，分母、分子是最初的3个奇数1，3，5的重复写出，然后再分段构成，这不仅便于记忆，而且形式优美，具有独特的数学之美。

开脑洞

日常，人们用3.14代表圆周率进行近似计算；而用3.141592654足以应付一般计算；取值至小数点后几百位，对于科学家需要的精密计算也足够了。

想要记住3.14159265358979323384626，可以记忆谐音口诀：

山巅一寺一壶酒（3.14159），
尔乐苦杀吾（26535），
把酒吃（897），
酒杀尔（932），
杀不死（384），
乐尔乐（626）。

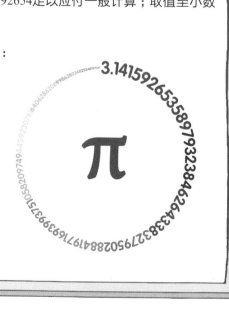

神童巧解"百鸡"

北魏时期，我国有一位闻名遐迩的数学家——张丘建。他8岁的时候，就显露出了惊人的数学天赋。

张家世代以养鸡谋生，来他家买鸡的人络绎不绝，8岁的张丘建就帮着长辈记账。无论生意多么繁忙，张丘建从没算错过！

大家都称赞张丘建是神童。慕名来买鸡的人纷纷向张丘建请教计算上的难题，张丘建总能一一作答，让主顾满意而归。

一位县令听说了张丘建的名声，非常好奇。

世界上真有神童吗？

这一天，县令将张丘建的父亲召进县衙，给了他100文钱。

用这100文钱，买你家100只鸡，要求每种鸡都要有，快快送来。

当时鸡的价格是：公鸡每只5文钱，母鸡每只3文钱，小鸡3只1文钱。而张家距离县衙往返大约要花费两个时辰，县令想知道张丘建需要多久才能算出答案。

张父一路垂头丧气地回到家中。

父亲为何愁容满面？

我实在是算不出来呀！

这有何难！父亲只要给县令4只公鸡，18只母鸡，78只小鸡就行。

张父一算，果然刚好是100只鸡！他将100只鸡送到县衙后，县令有点儿吃惊。

怎么两个时辰多点儿就回来了？张丘建真的可以算得这么快吗？

县令又生一计。

我再给你100文钱，再买100只鸡，不过公鸡、母鸡和小鸡的数目不能跟第一次相同。

张父接过100文钱，心事重重地赶回家。张丘建看见父亲愁眉苦脸的模样，便又问父亲发生了什么。

这好办，您给县令8只公鸡，11只母鸡和81只小鸡就行。

张父一算，刚好又是100文钱买100只鸡。于是又将这些鸡送到了县令面前。

县令吃了一惊，张丘建真的这么聪明吗？他再次拿出100文钱，买100只鸡，要求每一种鸡的数目都要与前两次不同。

希望你再回来时，能带上张丘建。

张父心慌意乱地回到家中，又将这件事告诉了儿子。

好办！

这一次，张丘建让父亲带12只公鸡，4只母鸡和84只小鸡去县衙，自己也一同前去。

到了县衙，县令一看，张丘建又解决了他出的难题！张丘建更是一副胸有成竹的样子，顿时非常喜欢，于是在征求张父的同意后，让张丘建留在县衙读书。

后来张丘建成了一位大数学家。他在少年时期解答的"百鸡问题"引发了后来数学家们的更多思考，而"百鸡问题"几乎成为不定方程的代名词，激发了大家更多兴趣的同时，也得到了更多的延伸和拓展。

张丘建的代表作是《张丘建算经》3卷，这是我国数学史与世界数学史上的宝贵遗产，具备非常丰富的史学价值和研究参考价值。

十分佩服。

开脑洞

这道题不仅可以用算术的方法得出答案，还可以通过求解代数方程得到结果。

假设：张父需要卖给县令公鸡 x 只，母鸡 y 只，小鸡 z 只。

而每只公鸡5文钱，每只母鸡3文钱，3只小鸡1文钱。

根据题意可得：

$$\begin{cases} x + y + z = 100 & ① \\ 5x + 3y + \dfrac{z}{3} = 100 & ② \end{cases}$$

这是由两个方程，三个未知数构成的一个不定方程组。对此，加以整理，由② ×3－①得：

$$14x + 8y = 200$$
$$y = 25 - \frac{7x}{4}$$

因为 y 是非负整数，所以：$0 \leqslant x < 15$；x 应为4的整数倍，令 $x = 0$，4，8，12，解得：

① $\begin{cases} x = 0 \\ y = 25 \\ z = 75 \end{cases}$ ② $\begin{cases} x = 4 \\ y = 18 \\ z = 78 \end{cases}$ ③ $\begin{cases} x = 8 \\ y = 11 \\ z = 81 \end{cases}$ ④ $\begin{cases} x = 12 \\ y = 4 \\ z = 84 \end{cases}$

由于①不符合题意，故舍去；②③④是这道题的答案。

通过解不定方程组，我们既开阔了视野，也让原有的计算更加简便，同时可以得到多组答案，最终通过实际情况而排除不正确的答案。

数学的奥秘，由此揭开。

结巴数学家做题不含糊

中世纪文艺复兴时期，意大利作为当时的科学和文化中心，民间一度非常流行数学竞赛。

1535年2月22日，在意大利的东北部城市威尼斯，一场数学竞赛如火如荼地展开，竞赛内容是解三次代数方程。

这是16世纪意大利数学家们最关心的一个数学问题。

所以，人们纷纷从各地赶来观看比赛，比赛场地被围得水泄不通。

参赛选手中有两位选手格外引人注意，一位是来自布里西亚市，自学成才的塔塔利亚。

另外一位是来自博洛尼亚大学的学生菲奥尔。

"塔塔利亚"意为"结巴"，是这位自学成才的数学家的绰号。他的本名叫尼科洛·方塔纳，出生于1499年。在他幼年时，法国士兵占领了他的家乡，打死了他的父亲，还把他的颌部和舌头砍伤了。伤口痊愈后，他说话变得模糊不清，所以别人叫他"塔塔利亚"。

因为家境贫寒，交不起学费，塔塔利亚只在学校待了两个星期。在塔塔利亚辍学后，只上过中学的母亲便在劳动之余，教他识字、计算。

塔塔利亚逐渐养成了自学的习惯，靠着自己强大的毅力，他不但掌握了拉丁文和希腊文，还展现了在数学方面的天赋。

他所发表的数学论文解法独特，思路清晰，令人惊讶。

这次竞赛是由数学家菲奥尔发起的。

规则是双方各自给对方出三十道题，谁解题又快、又多、又正确，谁就获得胜利。

菲奥尔是博洛尼亚大学著名教授费罗的学生，1526年，费罗在临终前将自己掌握的一元三次方程的解法传授给了爱徒菲奥尔。

一元三次方程
解法
秘籍

我发现了一元三次方程的解法。

那我们来比试一番。

在公证人员宣布比赛开始后，塔塔利亚和菲奥尔将自己出的题目交给对方。随后，二人开始全神贯注地解题。

围观者纷纷猜测，到底谁会获胜。有人说："肯定是菲奥尔，因为他来自知名大学，他的老师也是著名的教授。"也有人说："塔塔利亚的经历太传奇，太励志了，他一定会赢。"

塔塔利亚知道，菲奥尔作为费罗教授的爱徒，肯定会有一些解题的"法宝"，但这些"法宝"尚未公开，说明这些解题方法还不完整。所以，他给菲奥尔构思了30道需要用新方法才能解答的数学题。

一开始菲奥尔洋洋自得，可是在看到塔塔利亚出的题目后，自己无所适从。费罗教授教给他的解法固然可以解决一些一元三次方程，可是，在塔塔利亚出的30道题中大部分是自己此前从未见过的类型！

塔塔利亚看着菲奥尔的样子微微一笑，一副胸有成竹的样子。原来，他早就预料到自己会赢。在解题过程中菲奥尔越来越心慌意乱，后来，他不仅脸色苍白，而且额头上也开始冒汗了。相反，塔塔利亚看看自己手里的那30道题目，奋笔疾书，不到2个小时，题目统统予以解答！

最终，菲奥尔以6：30的成绩输给了塔塔利亚，而塔塔利亚也凭借这一场比赛名声大噪！

塔塔利亚并没有因此而沉浸在成功的喜悦里。他知道自己求解一元三次方程的方法并不完善，所以用心钻研，直到1539年，才真正得出一元三次方程的一般解法。

后来的日子里，塔塔利亚培养了很多学生，对意大利乃至整个欧洲在力学、数学等方面的发展，产生了深远而广泛的影响。

开脑洞

唐代数学家王孝通的《缉古算经》撰于唐武德八年（625年）五月前后，书中建立了25个三次多项式方程，并提出了三次方程实根的数值解法。

一元三次方程的一般表达式是 $ax^3+bx^2+cx+d=0$（$a \neq 0$）。这个公式背后隐含着数学家们的辛勤汗水，体现了他们的智慧结晶，当我们有机会学习到它的运用时，可以发现通过它能解决生活中遇到的很多问题。

来自蜘蛛网的启发

一天，世界著名的数学家勒内·笛卡尔累倒了。他虽然人在病床上，但心思却还在数学上。

几何图形是直观的、形象的，代数方程是抽象的。能不能找到一种方法，将两门看似独立的学科联系起来呢？

换句话说，能否用几何图形表示方程，或者用代数的形式来表示几何呢？

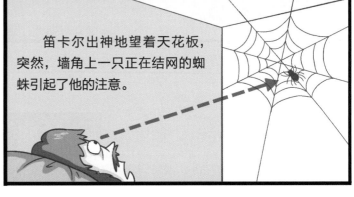

笛卡尔出神地望着天花板，突然，墙角上一只正在结网的蜘蛛引起了他的注意。

只见这只蜘蛛一会儿在洁白的天花板上爬来爬去，一会儿又顺着蛛丝的方向在空中缓慢移动，不断地织网，似乎不知道疲倦。

笛卡尔不断地分析，感觉问题的关键是要将组成几何图形的"点"和满足方程的每一组"数"联系起来，并将其一一对应。可是，要通过怎样的途径来实现对应呢？

这只蜘蛛不就是一个动点吗？

这时候，天花板、墙壁与蜘蛛这三个意象，与他日思夜想的几何与代数的一一对应问题就结合起来了！他灵机一动：把悬挂在空中的蜘蛛看作一个可以移动的点，当墙壁和天花板固定时，蜘蛛来回移动，那么是不是也能因此确定蜘蛛的位置呢？

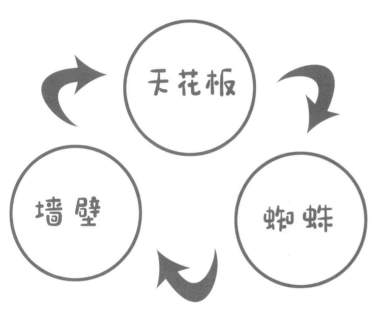

可以！可以！完全可以！

他竟然忘记了自己是病人，立即跳下床，迫不及待地找来了纸和笔，开始画图。

他首先画了三条直线，这三条直线互相垂直，正如两面墙与天花板相交。

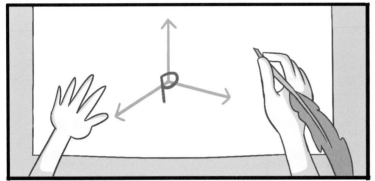

他又在空中画了一个"p"点代表蜘蛛，从"p"点到两面墙的距离分别用"x"和"y"表示，而"p"点到天花板的距离则用"z"来表示。

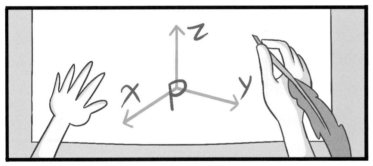

既然这样，如果x、y、z三个数据是明确的，那么p点的位置不就可以确定了吗？

笛卡尔抓住这一闪即逝的智慧灵光，立即在画出的三条直线上分别标出一组有顺序的数字。

当两面墙与天花板相交，产生三条直线时，如果将墙角作为计算起点，三条直线作为有数字的横轴，那么空间里的任何一个点都可以与这三条数轴产生联系，如此便可以产生相应的数据，从而以x、y、z来表示它的空间关系。

太好了，我发现了新规律！

也就是说，即便只有一组有顺序的数字，

也可以反映出任何一个空间里的点，从而反映它的位置。

在笛卡尔的思考之下，数字与图形实现了学科联合。在这个基础上，笛卡尔继续研究，后来，笛卡尔创立了一门独特的数学分支，它叫：

解析几何。

数字

图形

开脑洞

在平面解析几何中，两条相互垂直的、具有一定方向和单位长度的直线，可以建立直角坐标系，也可以称其为笛卡尔坐标系。这两条直线分别叫作直角坐标系的 x 轴和 y 轴。

利用 x 轴、y 轴可以把平面内的点和一对实数 (x, y) 建立一一对应的关系。笛卡尔的贡献在于他真正地实现了几何与代数的结合，使形与数统一。这是数学发展史上的一次重大突破。

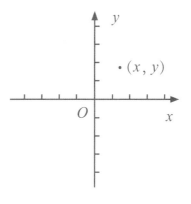

帕斯卡三角形

布莱士·帕斯卡是法国著名的数学家、物理学家、哲学家、散文家。他从小聪明过人，在数学上有超常的天赋。

1636年的一天，13岁的帕斯卡和平常一样，在桌子上玩数学游戏。

他先在纸上用笔横向写了10个"1"，又从第一个"1"开始竖向写了10个"1"。

随后，他将竖排的第二个"1"与它右上角的"1"，即横排的第二个"1"相加得2，然后将结果写在竖排第二个"1"的右边；接着，他又把"2"与它右上角的"1"，也就是横排的第三个"1"相加得3，写在"2"的右边……

1	1	1	1	1	1	1	1	1	1
1	2								

帕斯卡按照这样的方法一直操作，直到结果为9，从而得到了第二行的数字：1，2，3，4，5，6，7，8，9。

1	1	1	1	1	1	1	1	1	1
1	2	3	4	5	6	7	8	9	

然后以此类推，他将竖排的第三个"1"与它右上角的"2"相加得3，写在竖排第三个"1"的右边；接着，他再将"3"与它右上角的"3"相加得6，写在"3"的右边……按照这样的方法一直操作，一直写到结果为36，从而得到了第三行的数字。

1	1	1	1	1	1	1	1	1	1
1	2	3	4	5	6	7	8	9	
1	3	6	10	15	21	28	36		

不知不觉，帕斯卡居然得到了一个堆满数字的三角形，如右图所示。

1	1	1	1	1	1	1	1	1	1
1	2	3	4	5	6	7	8	9	
1	3	6	10	15	21	28	36		
1	4	10	20	35	56	84			
1	5	15	35	70	126				
1	6	21	56	126					
1	7	28	84						
1	8	36							
1	9								
1									

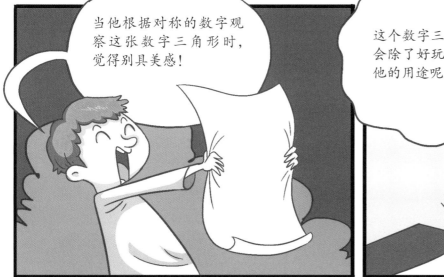

真是个有趣的三角形！

斜着的第二行数字是1，1；斜着的第三行数字是1，2，1；斜着的第四行数字是1，3，3，1。

斜着的第五行数字是1，4，6，4，1。斜着的每一行数字竟然是对称的！

当他根据对称的数字观察这张数字三角形时，觉得别具美感！

这个数字三角形会不会除了好玩，还有其他的用途呢？

27

善于分析问题的帕斯卡又开始仔细地琢磨。忽然之间，他想起了前不久刚刚学习的代数式，一下子豁然开朗！

要不然，从平方计算开始，先试试。

对呀！这个数字三角形不正是代数式 $(a+b)^n$ 展开后的各项的系数吗？真是太有意思啦！

他将 $(a+b)^2$ 展开，即：

$(a+b)^2 = (a+b)(a+b) = a^2+2ab+b^2$，

这样各项的系数依次为1，2，1；

然后，他又将 $(a+b)^3$ 展开，即：

$(a+b)^3 = (a+b)(a+b)(a+b)$

$= a^3+3a^2b+3ab^2+b^3$，

那么各项的系数依次为1，3，3，1。

以此类推，$(a+b)^n$ 的结果就很容易得到了。

在代数式（a+b）ⁿ中，"n"可以是任何一个正整数。

展开后的各项系数都可以在这个三角形里找到。

这是帕斯卡发现的展开（a+b）ⁿ的最简便的方法。

帕斯卡画出的这个数字三角形叫作帕斯卡三角形。

这是数学上的二项式定理。

开脑洞

帕斯卡三角形在中国也叫杨辉三角形。根据杨辉在1261年撰写的《详解九章算法》一书，此数表早在11世纪便由北宋数学家贾宪发现。

因此，人们将"杨辉三角"又称为"贾宪三角"。

我们在初中会经常用到这个公式：

$(a+b)^2 = (a+b)(a+b) = a^2 + 2ab + b^2$。

你学会了吗？

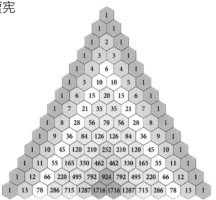

小数学家巧改羊圈

莱昂哈德·欧拉是18世纪瑞士著名的数学家和物理学家，也是近代数学的先驱之一。欧拉13岁时就入读了巴塞尔大学，15岁大学毕业，16岁获得硕士学位。

他撰写的《无穷小分析引论》《微分学原理》《积分学原理》等书，都是数学领域中的经典著作。

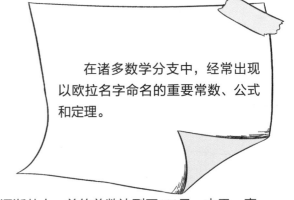

在诸多数学分支中，经常出现以欧拉名字命名的重要常数、公式和定理。

在欧拉小时候，欧拉的爸爸养了一大群羊，随着羊群逐渐壮大，羊的总数达到了100只。由于一直在用的羊圈太小了，所以欧拉的爸爸打算建造一个新羊圈。

欧拉的爸爸找到一块长40米，宽15米，面积是600平方米的长方形土地，这样平均每只羊可以占地6平方米，就不会像之前那么拥挤了。

结果在开始动工的时候，欧拉的爸爸发现他的材料只能围成周长为100米的羊圈。但是想要围住长40米，宽15米的长方形土地，至少需要（40×2+15×2）=110（米）的篱笆。

这可怎么办呢？如果缩小面积，那每只羊的平均占地面积就会小于6平方米，还是会有点儿拥挤。

不用担心！您只要将原来的计划改动一下，就可以了。

只要改动一下，就可以了，要怎么做呢？

爸爸，你就按照我说的去做吧！一定可以的！

然后，他将这个原点作为中心开始测量。他将原来40米的长度缩短到25米，又跑到宽为15米的地方，根据原点的位置再次进行长度的平衡，将其变成了25米，也就是在15米的两边各自加了5米。

欧拉的爸爸别无他法，只能同意按照小欧拉说的方法尝试一下。

小欧拉见爸爸同意了，便跑到那块长方形土地中间，找到一个原点并以此作为中心。

这样一来，整块土地的面积变成了25×25=625（平方米），每只羊的平均占地面积达到625÷100=6.25（平方米）。但是，只需要用100米长的篱笆就可以建造羊圈了！

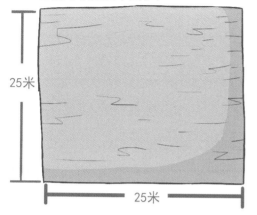

25米

25米

欧拉的爸爸十分开心！

哇！每只羊还多出了一些面积呢！

开脑洞

理论和实践证明，同样长度的绳子，用来围成正方形会比用来围成其他长方形的面积大。

例如，一根20米长的绳子，我们可以将它围成各种各样的长方形或正方形。

它的长和宽可以分别是：2米和8米、3米和7米、4米和6米……

但是，只有当绳子围成正方形时，也就是当边长为5米时，面积才是最大的。

数学王子

约翰·卡尔·弗里德里希·高斯是19世纪德国著名的数学家、物理学家、天文学家、大地测量学家，也是近代数学的奠基者之一。

高斯是公认的数学天才，有"数学王子"的美誉，他和阿基米德、牛顿、欧拉并称为"最伟大的四位数学家"。

1785年，8岁的高斯在一所乡村小学读书。高斯非常开心，但他的数学老师可不怎么开心！

原来，数学老师来自城里，自觉怀才不遇，他对乡下的孩子有偏见，认为他们不够聪明，所以在教学上有些怠慢。

唉！乡下的孩子不是学习的料！

这一天，数学老师看见孩子们在教室里打闹，又觉得他们不争气。

要出一道题让这些孩子见识一下。

于是，他在黑板上写下了一道题目，让孩子们做。

$1+2+3+4+5+6+7+\cdots+100=?$

在中午放学前，谁能做出这道题目，谁就可以先回家吃饭。

孩子们立刻安静下来，拿起手中的笔开始演算。

然而，安静持续不到1分钟就被打破了！

老师，我算出来了！

数学老师根本不相信高斯能这么快就算出答案。

好了，好了，那你再检查一遍。

高斯坐下后，又计算了一遍，然后又站了起来。

老师，我检查过了，没有错！

数学老师认为这个孩子太顽皮了，故意和自己作对。

你这孩子……

但高斯已经走到他面前，将小石板上的答案递给了老师。

你是怎么算出来的？

数学老师根本想不到这个乡下孩子能在1分钟之内得出正确答案，就连他自己也做不到啊！

高斯虽然有些忐忑，但还是鼓足勇气说道：

老师，我不是按照1，2，3，4，5的顺序一个一个往上加的。您看，用1，2，3，…，100这100个数的头尾相加，然后再去掉头尾。

用剩下的头尾继续相加，一直到所有数加完，每次的头尾相加，得到的和都是一样的。

原来小石板上写着"5050"，竟然是正确答案！

5050

高斯一边说，一边给老师验算，小石板上出现了如下的过程：

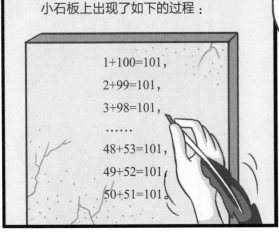

1+100=101，

2+99=101，

3+98=101，

······

48+53=101，

49+52=101，

50+51=101。

头尾两个数，每次相加得到的和都是101，在1，2，3，…，100中共得到50个101。

50个101，所以是50×101=5050。

数学老师十分震惊，没想到在乡下竟然有如此天才！他顿时为此前自己的偏见感到羞愧！在这之后，数学老师再也不敢瞧不起乡下学生了，他还为高斯买了很多数学书，让他学习。

高斯是当之无愧的数学天才，被认为是世界上最重要的数学家之一。

11岁时，
高斯发现了二项式定理。

18岁时，
高斯发现了质数分布定理和最小二乘法。

19岁时，
高斯实现了正十七边形的尺规作图，从而解决了两千多年来人们一直没有解决的难题。

开脑洞

在上面的故事中，高斯通过仔细观察，将原本复杂的加法运算转换成简单的乘法运算，从而极大地提高了计算效率。

可以举一个分数相加的例子：

$$\underbrace{\frac{5}{8}+\frac{5}{8}+\frac{5}{8}+\cdots+\frac{5}{8}}_{128个}$$

128个 $\frac{5}{8}$ 相加，可以直接转换成乘法运算，这符合分数乘整数的意义，所以：

$$\underbrace{\frac{5}{8}+\frac{5}{8}+\frac{5}{8}+\cdots+\frac{5}{8}}_{128个}=\frac{5}{8}\times128=80。$$

你学会了吗？

人小有智慧

西莫恩·德尼·泊松是19世纪法国的数学家和物理学家。他曾经有一句名言：

在数学发展史中，有许多以泊松命名的数学名词，如泊松积分、泊松求和公式、泊松方程、泊松定理等，这都足以表明他在数学上的成就。

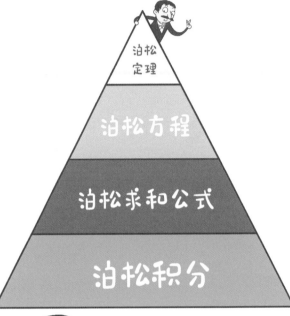

因为小泊松是陌生人，所以，一个粗鲁的大汉抓住泊松的衣领，将泊松提了起来。

我就看看。

放我下来！

你来干什么？

旁观者哈哈大笑，纷纷嘲笑这个小孩不自量力。

你看什么？

小孩子懂什么？

这时候，一个人上前解围，还对小泊松说出了事情的原委。

我刚过来，还没弄明白发生了什么事！

这一桶酒重8千克，是两个顾客一起买来的，原本是要给每个人分4千克。

可是他们却发现，旅馆里根本没有合适的容器或磅秤直接分酒。

他们找来找去，最后只找到两个大小不一样的桶。一个可容纳5千克的酒，另外一个可容纳3千克的酒。这可怎么办呢？

旅馆里的人纷纷围上来帮忙出主意，可是这也太难了。大家都想不出好办法。

这是大人的事，小孩子不懂，你去玩吧！

泊松不肯走，他思考一番后，自信满满地说道：

我有办法！

这个小孩子是在说大话吧！

来，你倒说说看，该怎么分？如果分不好，小心我……

大人都想不出来，他怎么会有办法？

那就让他试试，万一不成功，再让他去玩！

小泊松开始分酒，他用能容纳5千克酒的桶和能容纳3千克酒的桶以及能容纳8千克酒的桶，进行了一次又一次的"分酒"工作，最终，他在"分酒"7次后，终于得到了两份4千克的酒，它们分别在不同容量的桶内。

泊松的小伙伴们想了很久，也想不出答案，最终还是泊松揭开谜底。

围观者们欢呼雀跃，不停地为他鼓掌。

你们猜我那时候是怎么分的？

	8千克	5千克	3千克
第一次	3	5	0
第二次	3	2	3
第三次	6	2	0
第四次	6	0	2
第五次	1	5	2
第六次	1	4	3
第七次	4	4	0

这一次"分酒"经历激发了泊松学习数学的兴趣，长大以后，他对数学的发展做出了很大的贡献。

开脑洞

有这样一道有趣的题目，大家一起来做一做。

现在有一个装满10升油的瓶子，旁边有一个容量为7升的空杯子和一个容量为3升的空杯子。

请问，如何运用这三个容器，从10升的瓶子里倒出来5升油？

这个问题的解决方法很多，在这里不妨介绍其中一种方法。

	10升	3升	7升
第一次	7	3	0
第二次	4	3	3
第三次	1	3	6
第四次	1	2	7
第五次	8	2	0
第六次	8	0	2
第七次	5	3	2
第八次	5	0	5

华罗庚自学成才

在浩瀚的星空中，有一颗国际编号为364875的小行星，名字叫作"华罗庚星"！

华罗庚出生于1910年，是我国20世纪著名的数学家、中国科学院院士、中国解析数论的创始人。

他为中国数学的发展做出了无与伦比的贡献，被誉为"中国现代数学之父"，在国际上也享有盛誉。芝加哥科学技术博物馆将他列为当今世界88位数学伟人之一！

不过，华罗庚并不是一开始就如此优秀。他在初中时，数学考试多次不及格。老师们都认为华罗庚资质平庸，只有王维克老师认为他非常有潜力。

有一次在课堂上，王维克老师给学生们出了一道《孙子算经》中的题目：

有一个数，它除以3还剩下2，除以5还剩下3，除以7还剩下2。

请问这个数最小是几？

学生们都被这道题目难住了，只有华罗庚迅速地给出了答案：

23。

王维克老师发现华罗庚思维敏捷，解题思路也很独特，因此加倍爱惜他的才华，并且不断挖掘他的潜能。

由于王维克老师的悉心栽培，华罗庚对数学产生了浓厚的兴趣。

1925年夏天，华罗庚以优异的成绩顺利地毕业。由于家境贫困，华罗庚进入了免学费的上海中华职业学校读书。一年后，华罗庚还是因为交不起杂费和住宿费不得不退学。

1927年，华罗庚回到老家，一边帮助父亲经营杂货店，一边接受了家里的安排，与家乡的一位同龄的姑娘吴筱元结婚了。

但是，华罗庚并没有放弃对数学的学习。他一边经营杂货店，一边刻苦钻研数学。

19岁那年，华罗庚不幸感染伤寒病，落下了左腿残疾的后遗症，但他仍然坚持学习，在5年内自学了高中和大学前两年的全部数学课程。

1928年，王维克从国外留学回来。1929年，他担任金坛中学校长，安排华罗庚在学校当了一名会计，同时担任数学老师。

华罗庚一边在学校工作，一边继续自学数学。1930年，华罗庚在《学艺》杂志上看到苏家驹教授发表的数学论文《五次方程式代数解法》。他发现文章有误，于是写了题目为《苏家驹之代数的五次方程式解法不能成立之理由》的论文，寄给《学艺》杂志社。由于华罗庚当时还只是一名无名小卒，所以杂志社没有刊登他的论文。

华罗庚将文章改投上海《科学》杂志社，最终得以发表，20岁的华罗庚震惊了数学界。

科学

清华大学数学系主任熊庆来教授力排众议，将华罗庚聘请到清华大学，让他担任清华大学数学系图书馆助理。

1931年，华罗庚开始了在清华大学的工作和学习，仅仅一年半的时间，就学完了数学系的全部课程。

并且自学了英语、法语和德语，同时还在国际期刊上发表了3篇论文。

英语 法语 德语 数学

熊庆来教授破格聘请华罗庚做了助教。

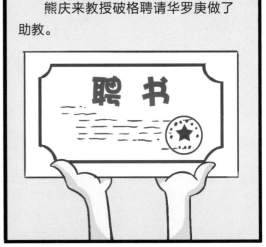

聘书

1936年，华罗庚以访问学者的身份去了英国剑桥大学。尽管他没有"正统"的大学本科学历，也没有读研究生的资格，只能当旁听生，但是他凭借着对数学的专注和热爱，在两年的时间内发表了15篇论文。

他提出了著名的"华氏定理"，解决了"高数之王"高斯提出的"完整三角和的估计"这一历史问题，一时间名噪剑桥，后来他被誉为"剑桥的光荣"！

1937年，华罗庚回国，后担任西南联大数学系的教授。在硝烟弥漫的岁月里，华罗庚一边教学一边完成了60万字的《堆垒素数论》。这部著作得到了国际同行的高度评价，国际性数学杂志《数学评论》认为此书是研究中国数学最好的入门书。

华罗庚一生发表数学研究论文200余篇，专著和科普性著作有数十种。

华罗庚和王元合作提出的计算高维数值积分的方法，被国际数学界称为"华—王方法"。

开脑洞

华罗庚是如何解答《孙子算经》中的题目的呢？

有一个数用3除余2，用5除余3，用7除余2，请问这个数最小是多少？

我们可以这样思考：

这个数用3除余2，用7除余2，这个数一定是3和7的公倍数加2。

满足这一条件最小的数是23，而23用5去除正好余3，所以23就是答案了。

这种解法十分简单快捷。

谷超豪的回答初露锋芒

2009年，国际编号为171448的小行星被命名为"谷超豪星"。

谷超豪是我国著名的数学家，也是国家最高科学技术奖获得者，他的代表作有《隐函数方程式表示下的 K 展空间理论》《齐性空间微分几何学》。

谷超豪从小就十分聪慧，成绩也十分优异。

上初一时，老师正在讲乘方的知识，他对同学们说：

我们来玩个数字游戏吧。

谷超豪走到黑板前，拿起粉笔，在黑板上写下这样的排列：

谷超豪在黑板上写下这样的排列：

太棒了！

$9^{9^9} > 9^{99} > 99^9 > 999$

同学们，乘方的奥妙是无穷的。

未来留给你们去探索。

老师的话对谷超豪有很大的激励作用。后来，谷超豪在微分几何、偏微分方程和数学物理及其交汇点上做出了重要贡献。他的老师苏步青是这样评价他的：

谷超豪只有一点没有超过老师，就是没有培养出像谷超豪那样的学生。

开脑洞

想一想，不再另加任何数学运算符号，3个"2"能够写成的最大的数和最小的数分别是多少？

我们不妨先这样考虑，把3个"2"分成不同的组合方式：222，22^2，2^{22}，2^{2^2}。

可以看出，3个"2"可以组成4组数，分别是：222，484，4194304，16。

4个数按照从大到小的顺序排列为：$4194304 > 484 > 222 > 16$，

最大的数是 $2^{22} = 4194304$，最小的数是 $2^{2^2} = 16$。

数学大爆炸

②
神奇自然数

于启斋 著
蓝色小象 绘

电子工业出版社·
Publishing House of Electronics Industry
北京·BEIJING

图书在版编目（CIP）数据

数学大爆炸. ②, 神奇自然数 / 于启斋著；蓝色小

象绘 -- 北京：电子工业出版社, 2024. 9. -- ISBN

978-7-121-48897-9

Ⅰ. O1-49

中国国家版本馆CIP数据核字第2024ZD0769号

责任编辑：王佳宇

印　　刷：北京启航东方印刷有限公司

装　　订：北京启航东方印刷有限公司

出版发行：电子工业出版社

　　　　　北京市海淀区万寿路173信箱　邮编：100036

开　　本：880×1230　1/16　印张：19.5　字数：234千字

版　　次：2024年9月第1版

印　　次：2024年9月第1次印刷

定　　价：158.00元（全6册）

凡所购买电子工业出版社图书有缺损问题，请向购买书店调换。若书店售缺，请与本社发行部联系，联系及邮购电话：（010）88254888，88258888。

质量投诉请发邮件至zlts@phei.com.cn，盗版侵权举报请发邮件至dbqq@phei.com.cn。

本书咨询联系方式：电话（010）88254147；邮箱wangjy@phei.com.cn。

目 录
Contents

蒙眼猜珠

阳阳走上讲台，把红、黄、蓝三个彩球和一些糖块放到讲桌上，然后对大家说：

阳阳说完，请倩倩、飞飞和明明三位同学走上讲台。随后，阳阳用布条蒙住了眼睛。倩倩、飞飞和明明各拿了一个彩球放到了自己的兜里。

之后，阳阳扯下了布条，睁开眼睛。

谢谢你们的配合，对此，我想送给你们一个小小的礼物——糖。请一定要接受。

阳阳一边说一边从桌子上拿起1块糖给了倩倩。

拿起2块糖给了飞飞。

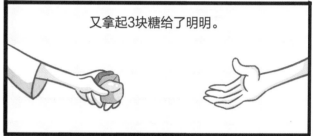

又拿起3块糖给了明明。

我要再次蒙住眼睛，但是礼物还没有送完，只好请你们自己取了。

请藏红球的同学从桌子上拿走和我给你的数量一样多的糖。

藏黄球的同学拿走我给你的数量的2倍的糖，藏蓝球的同学拿走我给你的数量的4倍的糖。

三位同学根据阳阳的要求，分别从讲桌上拿走了相应数量的糖，放在阳阳看不见的地方。

阳阳，我们已经拿完糖了！

我已经猜出你们的兜里藏的是什么颜色的球了。

随后，阳阳大声说出倩倩、飞飞和明明藏的球的颜色。三人把兜里的彩球拿出来给大家看。同学们立刻爆发出一阵惊叹，阳阳说的居然完全正确！

阳阳，你是怎么猜出来的呢？

三个人藏三种颜色的球，每人各藏一种，一共有6种可能：

三个人按照我的要求拿糖，每种情况下拿走的糖的总数是不同的。

第1种情况：
三位同学一共会拿走
（1+1×1）+（2+2×2）+（3+3×4）=23（块）。

第2种情况：
三位同学一共会拿走
（1+1×2）+（2+2×1）+（3+3×4）=22（块）。

只要看一看最后讲桌上还有几块糖，就可以知道三个人所藏的球分别是什么颜色了。

例如，如果最后剩下5块糖，原来的糖的数量是24块，那么第1种到第6种的情况下，留下的糖的数量分别是1，2，3，5，6，7。

种类	倩倩	飞飞	明明
1	红	黄	蓝
2	黄	红	蓝
3	红	蓝	黄
4	黄	蓝	红
5	蓝	红	黄
6	蓝	黄	红

第3种情况到第6种情况，三位同学拿走的糖的数量分别是21，19，18，17。

所以，阳阳只要将一些糖放在讲桌上且糖的数量不少于23块，最后留下的糖的数量会有6种不同的结果。

倩倩藏的是黄球，飞飞藏的是蓝球，明明藏的是红球。

开脑洞

如果阳阳让"藏蓝球的同学拿走他给的糖的数量的3倍"，其他条件都不变，这个方法还能用吗？

我们不妨计算一下。

因为"糖"和"球"不是一一对应的。

第1种情况，拿走的糖的总数是（1+1×1）+（2+2×2）+（3+3×3）=20（块），第6种情况，拿走的糖的总数是（1+1×3）+（2+2×2）+（3+3×1）=16（块）。

但是，第2种和第3种情况下剩下的糖的数量一样，都是19块，第4种和第5种情况下剩下的糖的数量一样，都是17块。数字相同就猜不对了。

所以，修改条件后方法就不实用了。

聪明反被聪明误

约翰是一位百万富翁，他的前妻生了15个儿子，现在的妻子也生了15个儿子。

有一天，约翰突然心脏病发作。临终前，约翰对妻子和儿子们说："让最聪明的一个儿子来继承我的遗产，他就是……"约翰的话还没说完就去世了。约翰的家人谁也想不明白，究竟该让谁来继承约翰的遗产。

妻子心里清楚，前妻生的小儿子马里奥在30个孩子中最聪明，可她一心只想让自己的亲生儿子继承约翰的遗产。

她费尽心思，终于想起了一个古老的传说：

有15个基督徒，15个土耳其人，乘同一条船在大海中航行。途中突然风浪大作，船随时都可能沉没。

只有将一半数量的人推入大海，减轻船的重量，船才能安全。

船长无奈地对大家说：

面对如此险恶的环境，与其全部丧生，还不如碰碰运气。大家商定30个人围成一圈，从船长开始，按顺时针方向依次数下去，凡是数到10的人就被推下大海，再接着从1开始数，直到仅剩下15个人为止。

1！ 2！ 3！ 4！

在这生死关头，气氛十分紧张。第一名被推下海的是土耳其人，又一名土耳其人被推下海……最后，15名土耳其人全部被推下海。

被推入大海的土耳其人心甘情愿，还以为这是上帝的旨意。其实，这只是船长的骗局。

船长暗中计算了一下，然后，把15个基督徒安排在特定的位置，如下图所示，●表示基督徒，○表示土耳其人，△表示船长，这样可以使基督徒不被推下海。

从△开始，依顺时针方向数数，土耳其人就会被一个接一个地淘汰。

继子是15个人，亲生儿子也是15个人，和传说一样，也实施"推人下海"的计策不就可以了？

看到这个传说，约翰的妻子乐开了花。

一天，约翰的妻子把约翰的30个儿子召集在一起。

既然大家无法判断你们当中到底谁最聪明，那就交给上帝来判断吧。

你们30个人围成一圈，从我的一个亲生儿子开始数数，数到10的人就从圆圈中退出，从而丧失继承权。

最后剩下来的一个人，就是你们父亲的事业和家产的继承人。

继子们同传说中的土耳其人一样，不知道这是一个圈套，还觉得这是比较公平的方法。马里奥似乎也没有看清继母的用心，站到了圆圈里。

约翰的妻子像船长安排土耳其人那样，把继子们安排在必定被淘汰的位置上，不一会儿，继子们一个接一个地被淘汰出局，最后只剩下马里奥一个了。

请妈妈允许，从我这里开始吧！

她转念一想，在剩下的16个人中只有一个继子，即使给他一个机会，也会被淘汰的。

是啊，这么多的孩子被淘汰，妈妈也很惋惜。可是，这是上帝的安排啊！大概也是你父亲的遗愿吧。不过为了表示公平，我还是同意你的请求。

接下来，戏剧性的变化出现了。

第1个亲生儿子被淘汰了——这是继母意料之中的。

第2个亲生儿子退出圆圈——这也没有什么。

又淘汰了一名亲生儿子——

只要最后剩下的，是我的亲生儿子就行。

继母万万没想到，数到最后，15个亲生儿子竟然都被淘汰了。她立刻明白，自己中了马里奥的圈套，所以当场被气晕了。当30个人围成一圈时，马里奥所站的位置是从第1个人开始按顺时针方向的第14个位置。

在剩下的16个人当中，重新开始数数，只要从谁开始，到最后就会剩下谁。

这里有一个规律：谁作为起点，谁就可以获胜。

开脑洞

一只叫萌萌的猫捉了12只老鼠，其中有一只聪明的小白鼠，萌萌自言自语地说："我要分三次把它们吃掉，我先给它们编号，然后，我从第1只开始吃，隔一只吃一只，吃完后让它们原地不动；第二次吃它们时，还是从剩下的第1只开始吃，隔一只吃一只；第三次还是照这个方法吃，把剩下的最后一只放了。"萌萌的话被聪明的小白鼠听到了，它快速地选好了一个位置，最后没有被萌萌吃掉。

你知道，聪明的小白鼠站的是几号位置吗？

先把老鼠编上号码：1，2，3，4，5，6，7，8，9，10，11，12。

第一次吃后剩下：2，4，6，8，10，12；

第二次吃后剩下：4，8，12；

第三次吃后剩下：8，所以小白鼠站在第8号位置。

按照猫吃老鼠的顺序，逐步找出最后剩下的一个编号即可求解。

谁和我抢第一准输

数学活动课上，同学们按照小组进行活动。杨大锐所在的小组正在玩数学游戏。轮到杨大锐出游戏题了，他当场夸下海口：

我的游戏题目是谁和我抢第一准输！

张同凯立即反击道：

听起来好厉害呀！但我不信！

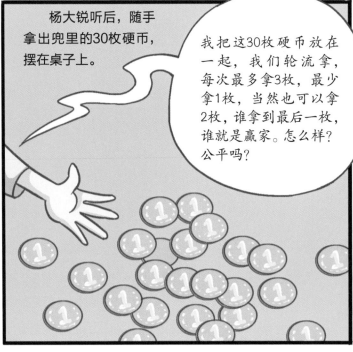

杨大锐听后，随手拿出兜里的30枚硬币，摆在桌子上。

我把这30枚硬币放在一起，我们轮流拿，每次最多拿3枚，最少拿1枚，当然也可以拿2枚，谁拿到最后一枚，谁就是赢家。怎么样？公平吗？

张同凯不屑一顾，率先拿起硬币。

哈哈！毫无挑战！我看你之后该如何收场！

杨大锐紧随其后。就这样，两个人你拿一次，我抢一次，都盼着能拿到最后一枚硬币。结果很快就出来了，拿到最后一枚硬币的人是杨大锐。

这只是巧合！我们再来一次。

不服输好办，我们再来一次。

好吧，这次你先拿。

于是，杨大锐先拿，张同凯接着再拿。两个人你来我往地拿着硬币，同时还不忘紧紧盯着对方，唯恐对方作弊。不一会儿，又到了出结果的时候，这次又是杨大锐拿到了最后一枚硬币。

小组的其他成员们都被吸引过来了，大家和杨大锐一起玩这个游戏。结果每次都是杨大锐拿到最后一枚硬币。

聪明的张同凯想从技术上找窍门来击败杨大锐。

怎么会这样呢？我们把这个数学游戏变一变怎么样？

怎么变呀？

我们把它倒过来，谁拿到最后一枚谁就输。

哦，想法不错，谁先开始拿？

看来杨大锐没有思考，这么容易就上当了。游戏规则变了，看你还有什么诀窍？

游戏又开始了。杨大锐先拿，张同凯后拿。结果，最后一枚硬币是张同凯拿到的。

第二次，张同凯先拿，杨大锐紧跟其后。最后，还是张同凯拿到了第30枚硬币。

太神奇了!

为什么"抢"第30枚和"让"第30枚游戏都是杨大锐赢呢?难道机遇之神总是偏爱他?

这里面有什么诀窍吗?

"抢"第30枚的诀窍是:30是3的倍数,要想最后拿到硬币,我必须先拿3枚,并保证自己所拿的数与对方所拿的数的和是3的倍数。

如对方拿1枚,我拿2枚;对方拿3枚,我也拿3枚……如果我后拿,就要调整到迫使对方拿到第"27"枚。

"让"第30枚就是把最后一枚"让"给对方,方法与前面所述的相反。

开脑洞

　　"抢"第30枚与"让"第30枚看上去很神秘,其实都有规律可循,关键是设下"埋伏",让对方拿走第"27"枚,这样就能大功告成。因为"27"是距离"30"最近的3的倍数,谁拿到谁就会输。

　　玩这个游戏时,如果没有那么多硬币,可以用硬纸板、棋子等代替。大家可以找同学玩一玩,感受一下其中的魅力。

他们的年龄是多少

放暑假了，妈妈带叶一雅乘火车去海边玩。一路上，叶一雅和妈妈有说有笑，十分高兴。

当火车到达一处站点时，上来一个伯伯，带着4个孩子。他们坐到了叶一雅和妈妈的对面。4个孩子中最大的像中学生，最小的像幼儿园小朋友，另外两个像小学生，他们长得一点儿都不像。

他们肯定不是一家人。

4个孩子一上火车，就叽叽喳喳地说个不停，但只是他们4个孩子间聊天。他们偶尔会和伯伯说话，但却表现得一点儿都不亲昵。这5个人异样的组合让叶一雅觉得很奇怪。

这个伯伯和这4个孩子到底是什么关系呢？家长和孩子？老师和学生？难道是拐卖？

叶一雅绞尽脑汁也没想明白。

伯伯，他们4个都是您的孩子吗？

看到叶一雅不置可否的表情，伯伯哈哈大笑。4个孩子听到伯伯的话也笑了起来。那个最大的孩子对叶一雅解释道：

我们4个人和张伯伯是邻居，我们的爸爸都在同一个部队参军。放暑假了，张伯伯带我们到部队看望爸爸！

伯伯看到叶一雅怀疑的眼神，立刻明白自己被怀疑了，微笑着问道：

小朋友，你是不是怀疑我拐卖儿童啊？

张伯伯，对不起，我冤枉你了！

妈妈在旁边一边听一边摸着叶一雅的头，和张伯伯一起开怀大笑！

叶一雅和 4 个孩子很快就熟络起来，5 个人凑在一起玩游戏。

玩了一会儿，张伯伯对叶一雅说：

他们 4 个人的年龄很有趣，你想猜猜吗？

好啊！有趣到什么程度？

他们的年龄是个谜语。

4 个孩子中，3 个孩子的年龄的乘积刚好是我家的门牌号 112。

更有趣的是这 3 个孩子的年龄之和恰好与剩下这个已经上高中的孩子的年龄相等。你猜一猜，他们的年龄分别是多少呀？

4 个孩子一起笑嘻嘻地等待叶一雅猜出谜底。

叶一雅陷入了思考，过了一会儿，她说：

张伯伯，我猜出来了。

哦，你是怎么算的呀？

猜年龄

许老师一家有4口人：许老师、他的爱人许阿姨、儿子和女儿（儿子和女儿不是同一年的）。

许老师说我今年的年龄恰好是一个完全平方数。我的年龄是一个两位数，两个数字的乘积正好等于我爱人许阿姨的年龄，我年龄的两个数字之和等于女儿的年龄。而许阿姨年龄的两个数字之和又刚好等于儿子的年龄。请你算一算这一家人的年龄分别是多少？

许老师的年龄正好是一个完全平方数，所以许老师的年龄可能是：81，64，49，36，25；并可推出许阿姨的年龄可能是：8，24，36，18，10。由这一组数可知，符合实际年龄的只可能有如下两组：

许老师：49，36；许阿姨：36，18。

再结合条件，可推知他们子女的年龄可能是：

女儿：13，9；儿子：9，9；

可以推出唯一合理的答案是许老师49岁，许阿姨36岁，女儿13岁，儿子9岁。

转盘游戏的奥秘

在放学路上，杨大飞和田小景在好奇心的驱使下挤进了人群。

走过路过，千万不要错过！

哦，原来是玩转盘游戏！

摊主把一个大转盘平均分成八格，格与格之间用纸板隔开，格子里放着水果糖、圆规、钢笔、圆珠笔、文具盒等。如果人们玩游戏得到了奖品，摊主就立即把奖品补上！

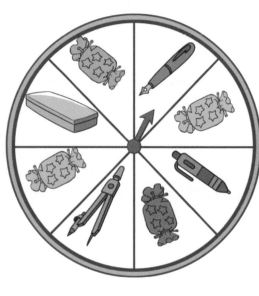

怎么玩呢？

同学，转一下试试吧，只需要1元就能转一次，每一次都会有收获。

你看，转盘上标出了8个格子，序号分别为1~8，每个格子里分别放着学习用品或水果糖。

你转动指针，当指针停下后，指针指到几，就从下一格起数几个格，数到哪一格，就得到对应的奖品。

这个玩法新颖，不是转到什么就赢什么，还要再向下数几格。这样即使转到水果糖，向下数几格，说不定还会得到钢笔呢！

杨大飞摩拳擦掌，对着转盘用力拨了一下指针。当转过几圈，指针指向1格钢笔的时候，杨大飞十分兴奋！

不要高兴得太早，还要向下走1格呢！

走到下一格是水果糖！

就差那么一点点，再玩一次吧！

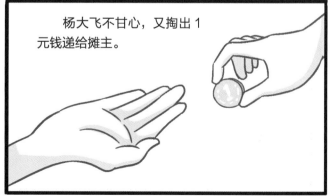

杨大飞不甘心，又掏出1元钱递给摊主。

19

这一次杨大飞变聪明了，他轻轻地拨动指针，指针没有借力，还没转完一圈就停了，转到第6格。

水果糖！

继续向下数6格。

还是水果糖！

别玩了，再玩还是水果糖！

为什么？

想知道？回家告诉你。

回家路上杨大飞百思不得其解，一直催促田小景快点儿说出来。田小景被催得烦了，顺手从书包里拿出纸和笔，开始画转盘，画好后，放到杨大飞的面前问：

你看出这个转盘有什么问题吗？

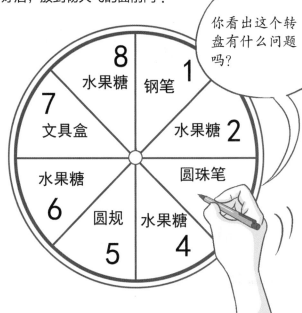

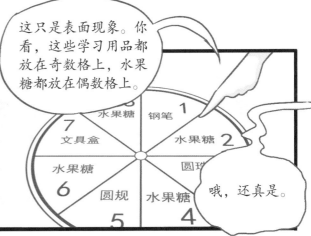

开脑洞

　　摊主把学习用品放在奇数格上，水果糖放在偶数格上。如果转到的是偶数，从下一格数起，数过偶数之后，得到的还是偶数；如果转到的是奇数，从下一格数起，数过奇数之后，得到的还是偶数。哈哈，所以无论转到第几格，结果都是水果糖。因为奇数＋奇数＝偶数，偶数＋偶数＝偶数。

　　转盘游戏利用了奇数与偶数的性质。表面上看公平合理，靠的是运气。其实，这里有陷阱。你明白这个道理了吗?

日历上的数字真有趣

生活课上，老师让同学们分享自己发现的小窍门。当同学们都在思考的时候，杨大柯迫不及待地举手发言。

在分享小窍门之前，我想请大家贡献一张日历卡！

杨大柯的举动立刻让大家产生了好奇心，坐在他前面的于丫正好有一张日历卡，于是就递给了杨大柯。

昨天晚上我撕下一张日历，用铅笔画来画去时，发现日历卡上的数字有一定的规律。不知道大家注意到没有？

同学们看着日历卡上的数字，一脸疑惑。

日	一	二	三	四	五	六
			1	2	3	4
5	6	7	8	9	10	11
12	13	14	15	16	17	18
19	20	21	22	23	24	25
26	27	28	29	30	31	

我也发现了，日历卡上的数字是从1到31，并且是按顺序排列的！

我说的规律可没有这么简单，这样吧，我们不妨玩个游戏，在玩游戏的过程中大家就会明白了。

好！

同学们哄堂大笑，杨大柯也跟着笑了。

于丫，你在日历卡上用笔随便把相邻的9个数涂色。你再把这9个数相加，看谁算得快！

于是，一张七月份的日历卡就被涂成了这样：

日	一	二	三	四	五	六
			1	2	3	4
5	6	7	8	9	10	11
12	13	14	15	16	17	18
19	20	21	22	23	24	25
26	27	28	29	30	31	

这9个数相加，和是135。

啊，我刚刚涂完，还没开始计算呢，而且这9个数我也是随机挑选的！

然后，于丫开始认真地算，$7+8+9=24$，$14+15+16=45$，$21+22+23=66$，$24+45+66=135$。答案真的是135！

不会是杨大柯乱说的吧！

真是太神奇啦！快说说，你是怎么得出来的？

同学们，我们还可以玩另一个数字游戏。

生活老师也来了兴致。

杨大柯，我考一考你怎么样？

好的，您出题吧。

计算任何相邻的9个数的和，只要将正中央的那个数乘以9就可以了。

简便算法是15×9=135。

在这张日历卡上竖着圈出相邻的3个数，我告诉你这3个数的和是多少，你能猜出我圈的是哪几个数吗？

日	一	二	三	四	五	六
			1	2	3	4
6	7	8	9	10	11	
12	13	14	15	16	17	18
	20	21	22	23	24	
26	27	28	29	30	31	

小菜一碟。

开脑洞

　　从日历卡上可以发现一个规律：同一列相邻的3个数相加再除以3，得到的结果就是中间的数。如在日历卡上圈出的数是10，17，24，将这3个数相加再除以3，即（10＋17＋24）÷3＝51÷3＝17。17是中间的数，其他两个数分别和中间的数相差7，17－7＝10，17＋7＝24。

　　知道了这个规律，可以尝试着自己玩一玩！

25

没有硝烟的抢 "15" 争夺战

郝一笑是石头收集迷，他收集了各种各样的彩色石头，被同学们称为"石头大王"。课余时间，他经常拿出心爱的石头，摆出各种各样的方阵。

一天在活动课上，郝一笑又玩起了石头方阵，任小乐看到后说：

我们来玩个石头游戏怎么样？

我就在玩石头啊！

像你这么玩石头太无聊了。

咱们玩一个高智商的石头游戏。

怎么玩？

把你的石头按1个一堆，2个一堆，3个一堆，4个一堆堆起来，一直堆到9个一堆。

一共摆9堆。

摆9堆干什么呀？

咱们玩个抢"15"的游戏。

要怎么抢"15"呢?

咱们一前一后取石头,每一次无论每堆有多少个石头,每个人只能取一堆。谁先抢到15个石头,谁就赢。或者,谁先拿超出15个石头,就算谁输。

赢了有什么奖励?

哈哈,谁赢了就玩打对方"鼻子眼"游戏,怎么样?

那好,我先拿。

这还不容易? 9加6正好是15。

郝一笑伸手就抢走有9个石头的那一堆。任小乐不甘落后,急忙拿走了有6个石头的那一堆。

任小乐心眼真多,破坏我的计划!

思来想去，郝一笑只好拿走了有5个石头的一堆，任小乐伸手拿走了只有1个石头的那堆。

这一次，郝一笑没办法了，他手里拿着14个石头，那1个一堆的石头被任小乐拿走了，不管怎么拿都会超过15个。

是我输了。

接下来是打"鼻子眼"游戏。郝一笑的手指按在鼻子上，另一只手伸给了任小乐。任小乐拍着郝一笑的手，说：

鼻子，鼻子，兔子牙。

郝一笑立刻指到了自己的门牙上。任小乐看着他的样子，笑得前仰后合。郝一笑心里很不服气，心想：

下一局我一定要赢。

接下来进行第二场比赛。这次郝一笑提高了警惕，对任小乐说：

你先拿吧，先拿的吃亏。

任小乐伸手拿起有5个石头的一堆。郝一笑急忙拿走了有9个石头的那一堆，这样就断了任小乐的后路。任小乐拿走了有6个石头的一堆。

不要后悔。

开脑洞

上面的数学游戏涉及"九宫格"。不管是横着加、竖着加还是斜着加，3个数字之和都是15。5居中央，有4种方法可以得到结果15，而别的数字只有3种方法，所以上策是取有5个石头的那一堆。知道了这个规律，问题就迎刃而解了。

"九宫格"就是确定各个位置的数字，保证横、竖、斜每条直线上的3个数字之和都是15。

每次计算都是3个数字，每一次计算都要用到中间位置的数字，所以中间位置的数字应该是3个数字的平均数5。

4	3	8
9	5	1
2	7	6

田径比赛上获得了第几名

清晨，学校的喇叭开始广播。

快来，快来呀！运动会开始啦！大家快来参加吧！

拔河比赛、田径比赛、篮球比赛、足球比赛、排球比赛，快来报名啦！

快乐小学一年一度的运动会开始啦！现场报名，现场组织，与众不同。

运动场上热闹非凡，运动员们个个摩拳擦掌，最热闹的是田径比赛。跑道两旁挤满了观众，大家都期待着看长跑健将们一展风采。

随着一声枪响，运动员们迅速地奔跑，他们要跑出耐力，赛出速度……

赛场周围，观众们在喊"加油"，呐喊的声音此起彼伏，十分热烈！

比赛进行得如火如荼，校报的记者姜小丫在现场采访，忙得热火朝天。忽然，姜小丫看到小胖拿着一摞成绩单走了过来。姜小丫急忙上前采访。

小胖你好，我是校报的记者，请问你手里拿的是什么呀？

小记者你好呀！我手里拿着的是1号、2号、3号、4号运动员1500米田径比赛的成绩。

他们是这项比赛的前四名。

那方便透露一下具体排名吗？观众们都在等着呢！

天机不可泄露！想知道名次，就去采访这几位运动员吧。他们在那边。

姜小丫跑到几位运动员身边询问名次，没想到只有一名运动员老老实实地承认自己得了第3名。

3号在我之前冲过终点。

得了第3名的运动员说：

1号不是第4名。

这时，裁判正好路过这里，微笑着补充道：

他们的号码与他们的名次都不相同。

　　根据1号运动员说的"3号在我之前冲过终点"，可知1号不是第1名。又因为另一个得第3名的运动员说"1号不是第4名"，所以1号既不是第3名，也不是第4名。"他们的号码与他们的名次都不相同"，所以1号只能是第2名。由于"3号在1号之前冲过终点"，所以3号是第1名。再根据裁判说的"他们的号码与他们的名次都不相同"，可知4号是第3名，2号是第4名。

　　所以他们的名次分别是：3号获得第1名，1号获得第2名，4号获得第3名，2号获得第4名。

　　在分析问题时，要有条不紊，保持头脑清醒，这样就会发现解决问题的契机。

生日拍了多少张照片

笑笑的生日快到了，她妈妈之前就答应她要满足她的愿望：办一个盛大的生日聚会，邀请她的5个好朋友——蓓蓓、陶陶、芳芳、慧慧和飞飞来共同庆祝！

生日这一天，妈妈把家里装饰得焕然一新，墙上挂着五颜六色的气球，还有一条横幅：祝笑笑12岁生日快乐。

餐桌上摆满了各种美食：香辣鸡翅、油焖大虾、油炸带鱼……
同时还有新鲜的水果和五颜六色的糖果，漂亮的水果蛋糕引人注目。

门铃声一响，笑笑就迫不及待地跑去开门，欢迎朋友们的到来！

人到齐后，生日聚会就开始了！最忙碌的就是笑笑爸爸了，他扛着摄像机，跑来跑去，忙得不亦乐乎。

假设6个人分别是 A、B、C、D、E、F，如果只有一个人 A，那只有1种拍法；

增加1个人 B，他可以站在 A 的左边，也可以站在 A 的右边，分别是 AB 和 BA，一共有1×2＝2（种）拍法；

增加1个人 C，他可以排在 AB 的左边，也可以排在 AB 的中间，还可以排在 AB 的右边，分别是 CAB、ACB、ABC，当然，也可以排在 BA 的左边、中间或右边，这样就可以得到1×2×3＝6（种）拍法；

增加一个人 D，D 如果插入 CAB 中，就有4种不同的排法，以此类推，可以得到1×2×3×4＝24（种）拍法……

按照这个方法计算，6个人一共有1×2×3×4×5×6＝720（种）拍法，所以一共能拍720张照片。

国王的难题

古时候，有一个国王赏罚分明，有贡献的臣民赏赐珠宝，犯错误的臣民没收财产。因此，王国里的臣民都遵纪守法，积极为王国做贡献，希望可以从国王那里得到赏赐。

为了方便奖赏臣民，国王下令打造了10个结实的大箱子，分别装上不同种类的珠宝。每一个箱子上都配有1个不同型号的锁，每个锁只有1把钥匙。

这10把钥匙，国王分给了10位大臣，每位大臣有1把钥匙。当需要开箱取珠宝时，由他们各自开箱取出。

谁知过了一段时间后，麻烦接踵而至：因为跟随国王的大臣经常更换，有时需要开箱取珠宝时，不得不让人去找那位保管钥匙的大臣。

例如，一位百姓对王国做出贡献，需要被赏赐翡翠，如果掌管装着翡翠箱子钥匙的那位大臣不在，就需要派人找大臣拿钥匙，这特别影响国王和百姓的心情。

能不能实现即使身边只有一位大臣也能将珠宝立刻取出来呢？

也就是说，如何才能让这10位大臣用自己保管的那把钥匙，同时打开这10把锁呢？

国王是个爱动脑筋的人，他苦苦思索，但仍然一筹莫展。

为了解决这个问题，国王在和大臣们开会时，和颜悦色地对他们说：

今天，我想请教大家一个问题，如果谁答对了，我便赏给他金银财宝。

国王将让自己头疼不已的问题说了出来，大臣们立刻踊跃地回答。大家不甘示弱，众说纷纭，给出了许多答案。可说来说去，却无一妙计。

额外配一把钥匙。

每个大臣都配10把钥匙。

难道我的王国连一个能人都没有吗？

悲哀！悲哀呀！

国王，我有一个妙计。不知当讲不当讲？

真是妙计？但讲无妨。

侍卫不紧不慢地说出了妙计。国王一听，十分高兴，当即赏赐侍卫金银财宝。

好！好！好！

大臣们面面相觑，听了他的妙计之后都十分佩服这名侍卫，而他们自己则羞愧得无地自容，自己的能力尚不及一名侍卫。你能猜出这名侍卫的妙计是什么吗？

开脑洞

　　国王重新制作了10把钥匙，这10把钥匙分别由国王的大臣保管，同时又打造了10把钥匙，与箱子对应分别编号为1~10，然后将1号钥匙放在2号箱子中，2号钥匙放在3号箱子中，3号钥匙放在4号箱子中，4号钥匙放在5号箱子中……10号钥匙放在1号箱子中。这样，国王的任何一个大臣都可以用自己的钥匙打开对应的箱子取出钥匙，然后依次进行，所有的箱子就都可以被打开了。

奇趣的梦境

一天，佳佳和丹丹一起去上学。

你怎么了，为什么总是打哈欠？昨天晚上没有休息好吗？

是啊，没休息好。我昨天晚上做了一个和数学有关的梦。

哦，这么巧呀！我也做了一个和数学有关的梦。你先讲讲。

我来到一个奇妙的地方，遇到一扇大门，门上有四把大锁，里面有奇妙的音乐，伴随着优美的声音：欢迎来到数学迷宫。我在好奇心的驱使下，迫切地想进去。

欢迎来到数学迷宫！

哈哈，这么有意思！你进去了吗？

别急，听我慢慢说。我仔细寻找进入数学迷宫的钥匙。终于在大门的旁边找到了一串钥匙。奇怪的是，每一把钥匙上都有一个数。

这时那个优美的声音又说道："只要你找到满足锁上所有条件的那一把钥匙，就能开启迷宫之门！"

锁上所有条件，这是什么意思？

42

我也不知道。于是，我就开始仔细观察四把锁，发现每把锁下面都有一行字。

看到这些字，我顿时就明白了，那就是提示。

是20以内的奇数	是3的倍数	是5的倍数	是一个两位数

第一把锁上写着：是20以内的奇数。我脑海里立即出现了奇数的定义——自然数中，不是2的倍数的数是奇数。20以内的奇数有1，3，5，7，9，11，13，15，17，19。

第二把锁上写着：是3的倍数。3的倍数的特征是一个数的各个数位上数的和是3的倍数。

同时符合这两把锁上条件的数有9，15。

第三把锁上写着：是5的倍数。个位上是0或5的数才是5的倍数，符合条件的只有15。

最后一把锁上写着：是一个两位数，15符合条件。

这时，我急忙找到写有"15"的钥匙，然后一一打开了这四把锁。

迷宫之门打开了，我进入了数学迷宫。

44

再加上4，除以10，最后得1，求这个数是多少。这个数就是您的奖品价值。

佳佳一边听一边开始计算。

哈哈，我得到这个数字了。

开脑洞

上面这道题还可以用"反推法"来计算。

$1 \times 10 = 10$, $10 - 4 = 6$,

$6 \times 6 = 36$, $36 + 28 = 64$,

$64 = 8 \times 8$, $8 \div \left(1 - \dfrac{1}{2}\right) = 16$,

$16 \times 7 = 112$, $112 \div \left(1 + \dfrac{1}{3}\right) = 84$, $84 \div 4 = 21$。

所以这个数是21。

上面的方法就是闻名遐迩的印度数学中的"反推法"，又称"反演法"。

解答这道题的实质就是必须对这个已知数依照相反顺序进行反运算，即从最后的结果出发，进行逆推，遇加用减，遇减用加，遇乘用除，遇除用乘。

"反推法"作为一种简单实用的算术方法，是印度数学的一大成就，被印度学者普遍采用。

乘快艇的巧答

一个天气晴朗的周日，飞飞和爸爸妈妈一起来到旅游胜地绿叶湖。三个人商议后，决定乘船去游览在湖中心的绿色小岛。

飞飞坚持要乘坐快艇，但是乘坐快艇的旅客太多了，一家三口只好先坐在湖边的石凳上，一边观赏湖边美景，一边排队等快艇。

在等待的过程中，爸爸给飞飞讲了一个和快艇有关的故事。

一天，一群人要坐快艇去观赏湖上的美景。有一艘快艇过来了。

管理快艇的工作人员远远地就高声问道：

你们一共有几个人？

我们是一起来的，共5对夫妻，其中有3对夫妻没有带孩子。

其余的2对夫妻各带了3个孩子，共6个孩子。我们想一起乘坐快艇。

老人家，我们这里的快艇不大，只能坐12个人。所以，你们得分开坐。

放心吧，肯定不会超员的。

5对夫妻是10个大人，再加上6个孩子，就是16个人。超载容易出事故，那可是万万不行的。

工作人员觉得老人说话奇怪，但细想之后还是将快艇靠岸了，他看着这群游客走上快艇，等游客全部登上了快艇后，工作人员发现果然没有超员。

就这些人吗？

是的，这不是5对夫妻，6个孩子吗？

工作人员仔细看了看快艇上的人，突然明白了，随后哈哈大笑。快艇上的人也跟着哈哈大笑。

你说这是怎么回事呢?

爸爸讲完故事后,问飞飞:

原来,带孩子的2对夫妻是老夫妻。他们各自带了3个孩子,也就是6个孩子,而孩子之间也都结婚了。这样就成了5对夫妻,共10个大人,所以没有超员。

要辨清他们之间的关系,才能有的放矢,厘清脉络,最终才能找到问题的答案。

开脑洞

有这样一道计算年龄的题目:

今年爸爸的年龄是女儿年龄的4倍,20年后爸爸的年龄是女儿年龄的2倍,问:今年爸爸和女儿的年龄各是多少?

解法一:先求出女儿的年龄,$(20 \times 2 - 20) \div (4 - 2) = 20 \div 2 = 10$(岁),

爸爸的年龄为$10 \times 4 = 40$(岁)。

解法二:设女儿的年龄为 x 岁,则爸爸的年龄为 $4x$ 岁,根据题意得,

$2(x+20) = 4x+20$,

解得 $x=10$,爸爸的年龄为 $10 \times 4 = 40$(岁)。

数学大爆炸

③
代数绕绕脑

于启斋 著
蓝色小象 绘

电子工业出版社
Publishing House of Electronics Industry
北京 · BEIJING

图书在版编目（CIP）数据

数学大爆炸. ③, 代数绕绕脑 / 于启斋著；蓝色小

象绘. -- 北京：电子工业出版社, 2024. 9. -- ISBN

978-7-121-48897-9

Ⅰ. O1-49

中国国家版本馆CIP数据核字第202436ZJ57号

责任编辑：王佳宇

印　　刷：北京启航东方印刷有限公司

装　　订：北京启航东方印刷有限公司

出版发行：电子工业出版社

　　　　　北京市海淀区万寿路173信箱　邮编：100036

开　　本：880×1230　1/16　印张：19.5　字数：234千字

版　　次：2024年9月第1版

印　　次：2024年9月第1次印刷

定　　价：158.00元（全6册）

　　凡所购买电子工业出版社图书有缺损问题，请向购买书店调换。若书店
售缺，请与本社发行部联系，联系及邮购电话：（010）88254888，88258888。

　　质量投诉请发邮件至zlts@phei.com.cn，盗版侵权举报请发邮件至dbqq@
phei.com.cn。

　　本书咨询联系方式：电话（010）88254147；邮箱wangjy@phei.com.cn。

目 录
Contents

特殊的墓志铭

丢番图大约生活在公元246年—330年。他是古希腊的重要学者和数学家，是代数学的创始人之一。

丢番图去世后，为了纪念他，希腊学者麦特罗尔把他的生平用一道数学题总结出来并作为墓志铭，以此告诉后人，人们没有忘记这位数学家在代数学领域的贡献。

世人听说此事后纷纷感叹：

以数学题作为墓志铭，应该说在这世上是绝无仅有的。

墓志铭：

过路人，这里安葬的是丢番图。下面的提示可以告诉您，他的一生究竟持续了多久。

他生命中的 $\frac{1}{6}$ 是愉快的童年，

又过了一生的 $\frac{1}{12}$，他的脸上长出了细细的胡须。这时，丢番图结婚了。

婚后，他非常美满地度过了他一生的 $\frac{1}{7}$。

再过了5年，他有了一个儿子，感到很幸福。可是这个孩子的生命只有他父亲的一半。

儿子死后，丢番图在极度的悲痛中活了4年，之后他就去世了。

请问：丢番图活到了多少岁？

这个奇特的墓志铭吸引了千千万万的人，人们从四面八方而来，聚集到墓碑前观看。他们看过之后，不断地在心里琢磨，有些好奇的人会拿起小木棍在地上演算。

有些人想用算术法计算出丢番图的寿命，结果算来算去，也难以得出结果。

而那些用代数方程进行求解的人，却很快地把丢番图的寿命推算了出来。

他们是这样计算的：假设丢番图活了x岁，由墓志铭可知，他愉快的童年持续了$\frac{x}{6}$年。

$\frac{x}{6}$年再加上$\frac{x}{12}$年，丢番图便长出了细细的胡须，并且结婚了。

结婚以后，丢番图和妻子过了（$\frac{x}{7}$+5）年的二人世界。

然后，他和儿子共同度过了$\frac{x}{2}$年。

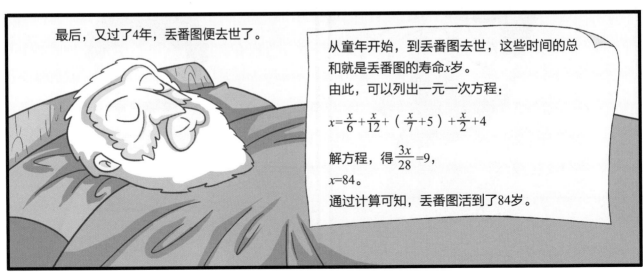

最后，又过了4年，丢番图便去世了。

从童年开始，到丢番图去世，这些时间的总和就是丢番图的寿命x岁。

由此，可以列出一元一次方程：

$$x=\frac{x}{6}+\frac{x}{12}+（\frac{x}{7}+5）+\frac{x}{2}+4$$

解方程，得$\frac{3x}{28}=9$，

$x=84$。

通过计算可知，丢番图活到了84岁。

由此，可以推断出丢番图的生活经历：

童年结束时的年龄：
$84 \div 6 = 14$（岁）或
$84 \times \dfrac{1}{6} = 14$（岁）

丢番图去世时的年龄：
$80 + 4 = 84$（岁）

结婚的年龄：
$14 + 84 \times \dfrac{1}{12} = 21$（岁）

儿子去世时，丢番图的年龄：
$38 + 42 = 80$（岁）

夫妻过二人世界的时间：
$84 \times \dfrac{1}{7} + 5 = 17$（年）

儿子的寿命：
$84 \times \dfrac{1}{2} = 42$（岁）

生孩子时的年龄：
$21 + 84 \times \dfrac{1}{7} + 5 = 38$（岁）

开脑洞

如何用算术法计算丢番图的寿命呢？

我们不妨这样考虑：

丢番图一生中的 $\dfrac{1}{6}$ 是愉快的童年，则可知他的寿命应该是6的倍数；又过了一生中的 $\dfrac{1}{12}$ 丢番图进入青年，所以他的寿命也是12的倍数；同理，他的寿命还应该是7的倍数和2的倍数。也就是说，他的寿命必须是2，6，7，12的公倍数，而这四个数的最小公倍数为84，这个数比较符合常理，另一个公倍数是168，不符合实际情况。所以，丢番图活到了84岁。

娘舅巧分家

古印度时有一位老人，妻子早亡，他独自带着三个儿子生活。日子虽然过得比较艰难，但老人最终把三个儿子抚养长大，三个儿子都成家立业了。

后来，老人不幸患了重病，几经治疗也不见好转。老人知道自己时日不多了，便把三个儿子叫到身边，留下遗嘱。

三个儿子听后，都觉得不对劲。明明是12头牛才可以这么分，11头牛根本没法分啊！他们刚想问老人应该怎么分，可老人撒手人寰了。

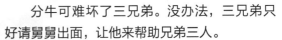

按照当地的习俗，牛被认为是神灵，不准宰杀只能饲养。

兄弟三人把老父亲的丧事办完后，就把分牛的问题摆上了议程。

分牛可难坏了三兄弟。没办法，三兄弟只好请舅舅出面，让他来帮助兄弟三人。

舅舅见兄弟三人愁眉苦脸、唉声叹气，想了一会儿，便说：

这样吧，谁让我是你们的舅舅呢，因为缺少1头牛，大家不好分。

那就从我家借一头牛，再给你们兄弟三人分吧。

这样，总共就有12头牛了。老大分得总数的 $\frac{1}{2}$，得6头；

老二分得总数的 $\frac{1}{4}$，得3头；

老三分得总数的 $\frac{1}{6}$，得2头。一共分了11头牛，还剩下1头牛。

剩下1头牛，你们兄弟三人都不应该分得，我还是再牵回家吧。

一个曾使兄弟三人绞尽脑汁的难题，从舅舅那里"借"1头牛后，便轻松巧妙地解决了。其他的亲戚朋友听说了这件事，不禁赞叹道：

真让人大开眼界啊！

其实，老人的分牛遗嘱也可以通过列一个一元一次方程来解决。设老大应该分得x头牛，则老二应该分得$\frac{x}{2}$头牛，老三应该分得$\frac{x}{3}$头牛。

那么：
$x + \frac{x}{2} + \frac{x}{3} = 11$
解这个方程，得$x = 6$，即老大得到6头牛，则老二得到3头牛，老三得到2头牛。

开脑洞

有这样一道有趣的题目，大家一起来做一做。

一个富翁身患绝症，临终时对怀孕的妻子说：如果生的是女孩，就把财产的$\frac{2}{3}$给孩子，剩下的留给你；如果生的是男孩，就把财产的$\frac{1}{3}$给孩子，剩下的留给你。

富翁说完就去世了。结果，后来富翁的妻子生了龙凤胎。按富翁的遗嘱，财产应该怎样分呢？

如果生的是男双胞胎呢？如果生的是女双胞胎呢？请你分别说一说，在这三种情况下，财产应该如何分配？

一男一女龙凤胎应分得的财产：以妻子为基准，女孩所得的财产是妻子的2倍，男孩所得的财产是妻子的$\frac{1}{2}$；所以最后妻子所得的财产应该占 $1 \div (1+2+\frac{1}{2}) = \frac{2}{7}$；女孩所得的财产是其2倍，占$\frac{4}{7}$，男孩所得的财产占$\frac{1}{7}$。

女双胞胎应分得的财产：一个女孩应得财产的$\frac{2}{5}$，这样两个女孩共分得财产的$\frac{4}{5}$，妻子应得财产的$\frac{1}{5}$。

男双胞胎应分得的财产：一个男孩应得财产的$\frac{1}{4}$，妻子应得财产的$\frac{1}{2}$。

金碗里藏了多少颗珍珠

古代有一个波斯国王，他认为自己是世界上最聪明的人。

一天，国王出了一道难题，并告诉大家：

谁能解答出来，谁就能得到重赏。

王宫里聚集了很多大臣，还有许多看热闹的平民百姓。

国王命令随从取来3个金碗，上面都盖着镶嵌蓝宝石的金盖子。国王用充满神秘的口吻说：

我的3个金碗里放着不同数量的珍珠。我把第1个金碗里的一半数量的珍珠，给我的大儿子。

第2个金碗里的 $\frac{1}{3}$ 的珍珠给我的二儿子；第3个金碗里的 $\frac{1}{4}$ 的珍珠给我的小儿子。

然后，我再把第1个金碗里的4颗珍珠给我的大女儿，第2个金碗里的6颗珍珠给我的二女儿，第3个金碗里的2颗珍珠给我的小女儿。

这样分完之后，第1个金碗里还剩下38颗珍珠，第2个金碗里还剩下12颗珍珠，第3个金碗里还剩下19颗珍珠。你们谁能说出这3个金碗里原来各有多少颗珍珠？

有些脑筋不够灵活的人，很快就听晕了。但是国王还在继续说：

听完国王出的题目，王宫里的大臣你看看我，我看看你，都不作声。

这时，从围观的百姓中走出一位少年，向国王深鞠一躬，说道：

尊敬的国王，我可以回答您的问题。

您的第1个金碗里最后剩下38颗珍珠，加上您给大女儿的4颗，一共是42颗。

而这些珍珠的数量是原来的一半，因为您把另一半给了您的大儿子。

所以，第1个金碗里应该有84颗珍珠。

您的第2个金碗里最后剩下12颗珍珠，加上您给二女儿的6颗，共计18颗。这18颗珍珠只是珍珠原来数量的 $\frac{2}{3}$。

因为您已经将原来碗中的珍珠的 $\frac{1}{3}$ 给了二儿子。所以，第2个金碗里原来有27颗珍珠。

第3个金碗里最后剩下19颗珍珠，加上您给小女儿的2颗，一共是21颗。

这21颗珍珠只是碗里原来数量的 $\frac{3}{4}$，所以，第3个金碗里原来有28颗珍珠。

国王听完少年的回答后，高兴地点了点头。

开脑洞

还可以用方程来解答上面这道题。

为了简单起见，用x来表示国王第1个金碗里珍珠的数量。国王将碗里一半数量的珍珠给了大儿子，也就是$\frac{x}{2}$颗珍珠，又给大女儿4颗，最后剩下38颗。可以列出方程：$x - \frac{x}{2} - 4 = 38$。解方程，得$x = 84$。

所以，第1个金碗里有84颗珍珠。

用y表示第2个金碗里珍珠的数量，从中减去国王给二儿子的珍珠数量，再减去国王给二女儿的6颗，剩下12颗，可列出方程：$y - \frac{y}{3} - 6 = 12$。解方程，得$y = 27$。

所以，第2个金碗里有27颗珍珠。

同样的道理，用z表示第3个金碗里珍珠的数量，可列出方程：$z - \frac{z}{4} - 2 = 19$。解方程，得$z = 28$。

所以，第3个金碗里有28颗珍珠。

由碗的数量知客人的数量

一个夏天的傍晚，一个妇人带着满满一大篮子的碗筷，来到渡口边清洗。

一条载着夕阳余晖的渡船不紧不慢地驶近，靠岸。老船工和他的小孙子把船停好，准备回家。他们走到妇人身边，看到了一大堆碗，老船工忍不住地问道：

你为什么刷这么多碗？

今天家里请客。

来了多少位客人？要用这么多碗吗？

15

一共有60位客人。

是60位客人，这孩子算对了，真聪明。

老船工和那个洗碗的妇人听后，忍不住地连连称赞。

开脑洞

还可以用方程来解答上面这道题。

解：设共有x位客人。

则平均每人用$\frac{1}{2}$个饭碗，$\frac{1}{3}$个菜碗，$\frac{1}{4}$个汤碗。

根据题意，可得$\frac{1}{2}x+\frac{1}{3}x+\frac{1}{4}x=65$

解得$x=60$。

答：共有60位客人。

猜对了一半

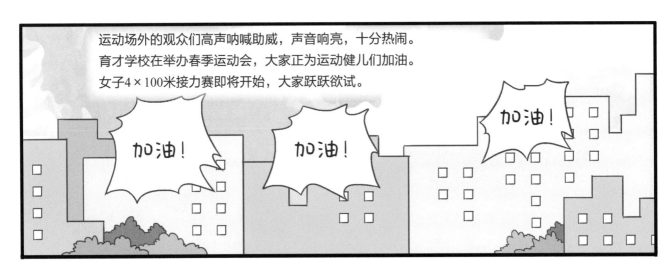

运动场外的观众们高声呐喊助威，声音响亮，十分热闹。
育才学校在举办春季运动会，大家正为运动健儿们加油。
女子4×100米接力赛即将开始，大家跃跃欲试。

加油！

加油！

加油！

甲、乙、丙、丁四个班的参赛选手的实力十分强大。究竟谁能成为冠军、亚军、季军？对此，观众们翘首以待。接力赛队员进入各自所在的跑道，比赛即将开始。

甲 乙 丙 丁

这时，在运动场边巡视的纪律检查员汪一栋、姜一伟和张耿磊恰巧遇到了。

女子4×100米接力赛可是同学们关注的焦点。

是啊，大家都翘首以待。

哈哈，这样吧，在比赛之前我们三人不妨预测一下，看谁有先见之明。

好呀！

三人击掌，表示说话算话，不准反悔。

啪！

我猜测丙班只能得第二名，至于第三名，我觉得是乙班。

姜一伟

我认为甲班只能得第三名，丙班才是冠军呢！

汪一栋

丁班第二，甲班第一。

张耿磊

三人刚说完，只听一声枪响，运动员们全力飞奔在跑道上。观众的"加油"声喊得震天动地。

比赛结束后，汪一栋、姜一伟和张耿磊又聚到一起，检查各自的预测结果是否准确。

有趣的是，他们三人的预测都只对了一半。你们知道要怎么推算比赛结果吗？

其实是这样：

如果汪一栋前半句话猜对了，即"甲班是第三名"，即可推出"乙班不是第三名"。

所以姜一伟的前半句话正确，后半句话错误，即可推出"丙班是第二名"。

而由"甲班是第三名"还可以推出"甲班不是第一名"，即我的后半句话错误，前半句话正确，即可推出"丁班是第二名"。

丙班与丁班都是第二名，二者矛盾，所以汪一栋的前半句话不可能是正确的。

由我的后半句话正确，即"丙班才是冠军"，即可推出"丙班不是第二名"。

姜一伟前半句话错误。于是，姜一伟的后半句话正确，即"乙班是第三名"。

由"丙班是第一名"还可以推出"甲班不是第一名"，所以我的前半句话正确，即"丁班是第二名"。

这样，就可以得出结论：第一名是丙班，第二名是丁班，第三名是乙班，而甲班是第四名。

开脑洞

有这样一道有趣的题目，大家一起来做一做。

住在学校同一间宿舍的四个学生 A、B、C、D，她们当中有一个人在剪指甲，一个人在写信，一个人站在阳台上，另一个人在看书。

已知：

（1）A 不在剪指甲，也不在看书；

（2）B 没有站在阳台上，也没有剪指甲；

（3）如果 A 没有站在阳台上，那么 D 不在剪指甲；

（4）C 既没有看书，也没有剪指甲；

（5）D 不在看书，也没有站在阳台上。

请问：她们四个人各自在做什么呢？

这道题可以用排除法解答。

由（1）（2）（4）（5）可知，既不是 A、B 在剪指甲，也不是 C 在剪指甲，因此，剪指甲的应该是 D；但这与（3）的结论相矛盾，所以（3）的前提肯定不成立，即 A 应该站在阳台上；在（4）中 C 既没有看书也没有剪指甲，由前面分析可知，C 在写信，而 B 在看书。

由燃烧的蜡烛算时间

一个夏日，富豪哈斯米特先生在寓所里被人杀害。接到报案后，哈特探长和他的助手火速赶往凶案现场。

现场勘查显示：有明显的搏斗痕迹，一长一短两根蜡烛掉在地上，长蜡烛的长度大约是短蜡烛的4倍。

哈特探长对所有房间进行了观察，然后，开始对别墅里的人进行盘问。

别墅里有哈斯米特夫人、管家小姐和随从，共三个人。

管家小姐，您最后见到哈斯米特先生是什么时候？

是晚上7点，因为停电，我给哈斯米特先生点蜡烛，看到他正在和夫人谈话。

管家小姐一边安慰夫人，一边回忆着补充道：

是的，我也在场。我在9点时离开，那时他还好好的。

我为哈斯米特先生同时点燃了两根蜡烛，它们一样长，但不一样粗，较粗的一根可以燃烧5个小时，较细的一根可以燃烧4个小时。

这时，哈特探长又问随从：

你昨天晚上在干什么？

我昨天晚上出去了。

你是什么时候回来的？

昨晚主人让我去城里取一只箱子，我是9点30分从城里回来的。

我回来时主人的屋子里已经没有亮光了，我特意看了一下挂钟，时间是9点45分。

盘问完富豪别墅里的成员后，哈特探长和他的助手便离开了。他们在路上讨论案情。

你对这个案子有什么看法？

我毫无头绪，探长您那有线索吗？

23

如果是别墅里的这几个人中的一个人作案的话，我认为就是那个随从。

哦，随从？

不妨从剩下的两根蜡烛来看，一根蜡烛的长度是另一根的4倍。

探长，这能说明什么问题呢？

"根据蜡烛剩余的长度，可以计算蜡烛燃烧的时间。"哈特探长一边说一边开始计算。假设两根蜡烛原来的长度都是S，在点燃x小时后落地熄灭，那么，较粗的一根燃烧了全长的$\frac{x}{5}$，剩下的长度为$\left(1-\frac{x}{5}\right) \times S$，较细的一根燃烧了全长的$\frac{x}{4}$，剩下的长度为$\left(1-\frac{x}{4}\right) \times S$，因为剩下的较粗的蜡烛的长度是较细的长度的4倍，所以可以列出方程：

$$\left(1-\frac{x}{5}\right) \times S = 4\left(1-\frac{x}{4}\right) \times S$$

解方程得 $x = 3\frac{3}{4}$（时）= 3时45分。

管家小姐说她是晚上7点点的蜡烛，再加上3小时45分钟，时间是10点45分，这说明富豪是在10点45分遇害的。

随从却说9点45分时，富豪的房间里已经没有亮光了，显然他撒谎了。

后来，经过审问，哈特探长的推断果然没错，凶手就是随从。

我立刻去逮捕随从。

开脑洞

有这样一道有趣的题目，大家一起来做一做。

一列火车要穿过隧道，火车的长度是80米，火车过隧道的速度是8米／秒，穿过隧道用的时间是50秒。请计算一下隧道的长度。

解：设隧道的长度为 x 米，

根据题意可得：

$x + 80 = 8 \times 50$，

$x = 8 \times 50 - 80 = 320$。

答：隧道的长度为320米。

奇特的梦

孙一厚做了一个梦，他梦见自己变成了神通广大的孙悟空，与沙僧和猪八戒一起跟随唐僧去西天取经。

一天，由于没有吃的了，猪八戒便去化斋。

过了大半天，猪八戒背着一个袋子摇摇晃晃地回来了。他对大家说：

我好不容易才化来了12个馒头，我们每人3个，将就一下吧。

八戒，你胆子不小，竟敢私藏馒头！

然而，聪明的孙悟空深知猪八戒的为人，料想他不会拿出所有的馒头分给大家。孙悟空便对猪八戒喝道：

猴哥，这……

谎言被识破了，一时之间猪八戒不知该如何狡辩。

你把自己藏的馒头的数量乘以5，加上365，再乘以4，最后减去1460，总数等于多少？快快说来！

八戒，你给我听好，你藏的馒头我已经算出来了，我现在看你是否诚实。

猴哥，手下留情。八戒我的脑子转得慢，得慢慢算呀！

猴哥，总数是640。

猪八戒费了好长时间，最后终于算出来了。

你这个呆子，竟然私自藏了32个馒头！

哇！猴哥，你是怎么知道的？

孙悟空是这样算的：

设藏的馒头的数量为 x，则：

$(x \times 5 + 365) \times 4 - 1460 =$

$20x + 1460 - 1460 = 20x$。

只要把猪八戒计算出来的总数除以20，就是他藏的馒头的数量，

$640 \div 20 = 32(个)$。

哈哈，你这点儿小伎俩还能骗过俺老孙！

你看，把你藏的馒头平均分，是不是每人8个正合适？

不成！不能平分。师父应该多分，我去化的斋，我也应该多分。

至于你和沙僧嘛，只好委屈点儿了，体现一下多劳多得的分配原则。

沙僧也觉得有道理。

二师兄，你具体说一说应该怎么分？

剩下的馒头分4份，数量不能一样多，沙师弟所得的馒头数加3，猴哥所得的馒头数乘以3，

师父所得的馒头数减3，我所得的馒头数除以3，这4个数字要相等。

孙悟空按照猪八戒的要求开始计算，结果，算到最后发现：

我只能分到2个馒头，师父分到9个馒头，沙僧分到3个馒头，猪八戒竟然能分到18个馒头。

猪八戒来到一个山洞，把藏在里面的馒头全都拿了出来，按照之前的计算给大家分发馒头。

看着面前18个又香又软的大馒头，猪八戒馋得口水直流，他迫不及待地抓起一个，一口咬了下去。只听一声闷响，猪八戒大声叫道：

天啊，我的牙要被硌掉了！

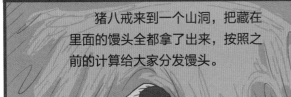

他定睛一看，这哪里是馒头啊，分明是一堆石头！

原来，就在猪八戒分馒头时，孙悟空使了"隔空搬运"的法术，将猪八戒分得的馒头变走，只留了一堆石头在原地。接着，他又使出了"障眼法"，让那堆石头变成了馒头。

孙悟空教训完猪八戒，哈哈大笑。孙一厚笑醒了。

呆子，这是给你的教训，看你以后还敢不敢偷藏馒头！

孙一厚醒来后，忍不住按照梦里猪八戒所说的要求，计算了这32个馒头到底是怎么分的。

他用沙、师、孙、猪分别代表沙僧、唐僧、孙悟空和猪八戒，开始计算。

沙＋师＋孙＋猪＝32　　　（1）

沙＋3＝师－3＝孙×3＝猪÷3　　（2）

把（2）变形得：沙＝师－6

$$孙 = \frac{1}{3}（师－3）$$

$$猪 = 3（师－3）$$

将上面式子代入（1）得：

$$师－6＋师＋\frac{1}{3}（师－3）＋3（师－3）＝32$$

16师＝144，

所以，师＝9；沙＝9－6＝3；

$$孙 = \frac{1}{3}（9－3）＝2；猪 = 3（9－3）＝3×6＝18。$$

孙一厚解出题目后非常得意。

怪不得在梦里我是孙悟空，谁让我这么聪明呢！

开脑洞

谁的羊多？

6个牧羊老人一同去牧羊。老赵与老钱的羊的数量一样多，老孙的羊比老李的多，却比老赵的少。老吴的羊虽然没有老赵、老孙的多，但却比老李的多。老周的羊比老赵的又要多一些。

你知道6个牧羊老人中谁的羊最多吗？

根据题意，可以列出6人有的羊的数量的关系式：

老赵＝老钱

老赵＞老孙＞老李

老赵、老孙＞老吴＞老李

老周＞老赵

整理得，老周＞老赵＝老钱＞老孙＞老吴＞老李，所以老周的羊最多。

聪明的法官

一天，特斯拉和查理斯发生了激烈的争执。他们为了分钱的事吵得面红耳赤，始终没有办法解决，只好去法院求助法官。

原来，特斯拉和查理斯一起骑马去旅行。走了一上午，人困马乏。中午时分，他们来到一棵大树下，一边乘凉一边用餐。特斯拉把毯子铺在地上，并把自己袋子里的5片面包拿出来放到毯子上；查理斯的袋子里也有5片面包，可是他却只从自己的袋子里拿出了3片面包放到毯子上。

先生们好！我也在赶路，自己带的食物吃光了。我想和两位先生共进午餐。

你们不会拒绝吧？我会付钱的。

两个人正吃得津津有味，一个商人路过这里，深鞠一躬，对他们说：

特斯拉富有同情心。查理斯起初并不愿意，听到商人说付钱后，他才满脸堆笑地表示同意。

就这样，他们把8片面包平分成3份，每人吃属于自己的一份。

商人走后，特斯拉和查理斯便商量着要如何分这8枚银币。

我这里有8枚银币，请你们收下。

商人吃完午餐后，把8枚银币放到了毯子上，之后又忙着赶路了。

我拿了5片面包，你拿了3片面包，8片面包8枚银币，正好我取5枚，你取3枚。

商人吃的面包既有你的也有我的，银币分得却有多有少，这太不公平了！

看着闪闪发光的银币，查理斯双眼发亮，他希望这8枚银币全部进自己的口袋。

31

开脑洞

甲、乙、丙三个人买了8个面包平均分着吃，甲付了5个面包的钱，乙付了3个面包的钱，丙没带钱。吃完后一算，丙应该拿出2.4元，那么甲应该收回多少元？

解法1：丙应该拿出2.4元——由于是"平均分着吃"，每个人吃的一样多，说明每个人都应该付2.4元。

那么面包的总价格是2.4×3=7.2（元），这是5+3=8（个）面包的钱。

所以一个面包的价格是7.2÷8=0.9（元），

甲付了0.9×5=4.5（元），多付了4.5－2.4=2.1（元），

答：甲应收回2.1元。

解法2：三个人吃8个面包，每个人吃8÷3=$\frac{8}{3}$（个）面包，丙拿出的2.4元就是$\frac{8}{3}$个面包的钱。

一个面包的钱是2.4÷$\frac{8}{3}$=0.9（元）。甲应收回0.9×（5－$\frac{8}{3}$）=2.1（元）。

答：甲应收回2.1元。

"牛吃草"问题

34

李旭达认真地分析。他思考了一会儿，终于厘清了解题思路。

解答这道题的难点是必须把每天新长的草考虑进去，即必须先把这个隐藏的条件找出来。设1头牛1天的吃草量为1。

27头牛6天的吃草量为27×6＝162（162中包括6天中新长出的草）

23头牛9天的吃草量为23×9＝207（207中包括9天中新长出的草）

207－162＝45，这45就是3天中新长出的草。于是，便得到了1天中新长出的草量是45÷3＝15。牧场原有的草量是162－15×6＝72。

如果养21头牛，那么需要几天草会被吃光呢？我们可以分出15头牛，让它们专门吃新长出的草，剩下6头牛专门吃原来的草。

这样原来的草正好够吃，72÷6＝12（天）。所以，养21头牛，需要12天草会被吃光。

可这样分析：牧场的草每天以同样的速度生长是问题分析的难点。把27头牛6天后吃草的总量与23头牛9天后吃草的总量作差，得23×9－27×6＝45，是45头牛一天吃的草量。平均分到（9－6）天里，便知是15头牛一天吃的草量，也就是每天新长出的草。求出了这个结果后，把所有的牛分成两组来研究，用其中一组牛吃掉新长出的草，用剩下的一组牛吃掉原有的草，即可求出全部的牛吃的天数。

解：新长出的草1天可供牛的数量：

（23×9－27×6）÷（9－6）

＝（207－162）÷3

＝45÷3

＝15（头）

这片牧场供21头牛吃的天数：

（23－15）×9÷（21－15）

＝8×9÷6

＝12（天）

答：如果养21头牛，那么需要12天草会被吃光。

本题还可以用三元一次方程来解。

"牛吃草"问题的核心公式：原有草量 =（牛的数量 - 单位时间内的新长出的草量可供应的牛的数量）× 天数。

设牧场原有草量为 y，每天新增加的草可供 x 头牛食用，21头牛能够在 z 天将草吃光。根据题目条件，我们列出方程：

$$\begin{cases} y=(27-x)\times 6 & ① \\ y=(23-x)\times 9 & ② \\ y=(21-x)\times z & ③ \end{cases}$$

解方程组，① = ②，得 $(27-x)\times 6 = (23-x)\times 9$，解得 $x = 15$。将 $x = 15$ 代入①，解得 $y = 72$。将 $x = 15$ 与 $y = 72$ 代入③，解得 $z = 12$。

即牧场原有的草量为72，每天新增加的草可供15头牛食用，21头牛能够在12天将草吃光。

开脑洞

牛顿问题俗称为"牛吃草"问题。牛每天吃草，草每天在不断地生长。解题环节主要有四步：

求出每天新长出的草量；

求出牧场原有草量；

求出每天实际消耗原有草量的牛的数量（吃草的牛的总数 - 每天吃新长出的草的牛的数量 = 消耗原有草量牛的数量）；

最后求出可以吃的天数。

手机短信的秘密

杨一丁是刑警队长，在一次执勤任务中抓获了一个走私的惯犯——张进才。

我是一个商人，做的是正当合法的生意。你要是拿不出我的犯罪证据，请把我放了。

张进才很狡猾，他知道没有证据谁都拿他没有办法。杨一丁看着张进才，一筹莫展。正在这时，张进才的手机收到了一条短信，短信内容如下。

朝：请在火车站候车室7排7座等候。

说吧，这条短信是什么意思？

朝：请在火车站候车室7排7座等候。

唉，我的大队长，我敬爱的大队长，这还不明白吗？是我的一位朋友让我去火车站接他。

难道短信也有错吗？

不说是吧？等我们找出这条短信的秘密，你就等着接受法律的制裁吧！

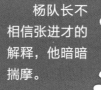

杨队长不相信张进才的解释，他暗暗揣摩。

这可能是一个走私犯罪活动的接头暗号，要秘密交易。但是张进才的名字中没有"朝"这个字。

具体的时间又没有说。难道"朝"字是接头的时间？那候车室的座位号一定也另有深意！

杨队长将大家召集在一起，研究这条手机短信的秘密。

这条短信可能是一条走私信息，具体含义不得而知。现在大家要集思广益，依靠集体的智慧破解手机短信的秘密，及时侦破这个案件，将犯罪分子一网打尽。

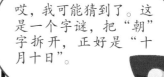

哎，我可能猜到了。这是一个字谜，把"朝"字拆开，正好是"十月十日"。

"朝"又有早晨之意，那7排7座可能指的是火车到站或接头的具体时间，可能是7时7分。

有了，就这么办。

杨队长乔装成张进才，10月10日，他大摇大摆地去火车站，"迎接"同伙的接头。没有想到，这次交易没有发现任何犯罪证据，同伙只是匆匆地扔下一张纸条就走了。

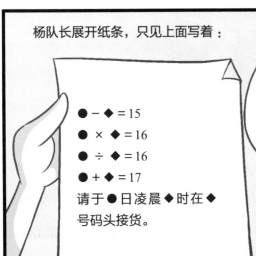

杨队长展开纸条，只见上面写着：

●－◆＝15
●×◆＝16
●÷◆＝16
●＋◆＝17

请于●日凌晨◆时在◆号码头接货。

杨队长没有打草惊蛇，悄悄地返回了警局。

哈哈，狐狸尾巴终于露出来了，这次我们一定要人赃俱获。

队长，这几个符号分别代表什么呀？

我已经明白了，●表示16，◆表示1。

意思是说在16日凌晨1:00在1号码头接货。

到了16日凌晨1:00，1号码头与平日没有任何区别，只是在码头上几个废弃的集装箱里暗藏着荷枪实弹的刑警。

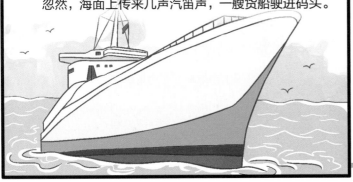

时间过得真快，1分钟，2分钟，3分钟过去了……犯罪分子还没有露面。难道他们发现了什么可疑之处，不来了？还是另有原因？

忽然，海面上传来几声汽笛声，一艘货船驶进码头。

待货船一靠岸，刑警队长一声令下，刑警们一拥而上，将犯罪分子全部抓获。

你知道我是怎么破解纸条上的信息的吗?

纸条上的信息对应如下算式:

● − ◆ = 15 ①
● × ◆ = 16 ②
● ÷ ◆ = 16 ③
● + ◆ = 17 ④

可以这样解答:
①+④,得
● − ◆ + ● + ◆ = 15 + 17,
● = 16,
把"● = 16"代入①,
得◆ = 1。
将结果代入"●日凌晨
◆时在◆号码头接货",
也就是16日凌晨1:00在
1号码头接货。

开脑洞

已知:

$\blacksquare + \blacksquare + \blacksquare + \triangle + \triangle = 41$ ①

$\blacksquare + \blacksquare + \triangle + \triangle + \triangle = 39$ ②

请问:

■和△分别代表什么数字?

解:①−②,得■ − △ = 2,

整理得■ = 2 + △ ③,将③代入①,

解得△ = 7,将△ = 7代入③,解得■ = 9。

心算鸽子数

柳益强很喜欢小动物，对小动物的知识了如指掌。他的姨妈家在乡下，家里养了很多鸽子。对此，柳益强羡慕不已。

星期五下午放学后，柳益强乘车到姨妈家，准备向姨妈要两只鸽子带回家养。

刚踏进姨妈家的大门，柳益强就看呆了。只见几只鸽子在屋顶上"咕咕"地叫着，另外几只鸽子在外面飞翔盘旋，还有几只鸽子在地上觅食。柳益强顿时觉得姨妈家很好玩。

你可真会转移话题！一句话又把话题扯到鸽子上啦！

我可以用鸽子给你出一道题目，你能心算出来，我就自作主张，奖你两对最好的鸽子。怎么样？

那太好了。男子汉大丈夫，说话要算数！

表哥微微一笑，念出了六句顺口溜。

叫声表弟听我说，我家养鸽实在多，一半飞出去打食，二除一半在抱窝，三加十九落院里，请算鸽群几只鸽？

一共有88只鸽子！

表哥话音刚落，柳益强就脱口而出。

哇！神机妙算啊，我要送给你两对最好的鸽子。不过，你是怎么算的？也太快了吧！

把所有鸽子看作整体1，然后，根据条件列式计算。

$(3+19) \div (1 - \frac{1}{2} - \frac{1}{2} \times \frac{1}{2}) = 22 \div \frac{1}{4} = 88(只)。$

柳益强哈哈大笑，说出了自己的解题思路。

开脑洞

还可以用一元一次方程来解答上面这道题。

解：设一共有鸽子 x 只，

一半飞出去打食，是 $\frac{x}{2}$，

二除一半在抱窝，即一半除以2，是 $\frac{x}{4}$，
三加十九落院里，也就是 $3 + 19 = 22$。

由此，可列方程：$\frac{x}{2} + \frac{x}{4} + 22 = x$
解方程得 $x = 88$。

这里要理解二除一半在抱窝，是一半的一半，也就是 $\frac{1}{4}$。弄清楚这个，问题就解决了一大半，你说呢？

巧买瓷砖

晓明家买了一套新房，钥匙到手后，晓明家开了一次家庭会议商量要如何装修新房。大家讨论过后，最终决定，将需要的材料列一个清单，由晓明协助爸爸购买。

需要的材料：

水泥2吨，沙子2.5方，边长为4分米的正方形地砖500块。

水泥和沙子好买，但是挑地砖，可就没那么简单了。这不仅是个精细活，还是个体力活。

因为要考虑瓷砖的大小、颜色、亮度、防滑度等诸多问题，这些都要了解得清清楚楚的。

周末，爸爸和晓明乘车到建材市场亲自挑选地砖。经过4小时的挑选，终于将建材市场的所有地砖都浏览了一遍。

建材市场竟然没有边长为4分米的正方形地砖。店铺里卖的都是边长为8分米的正方形地砖。

怎么办？是直接回家，还是买边长为8分米的正方形地砖？

回去也没用，我们家的新房子急着装修呢。

是啊，如果换成边长为8分米的正方形地砖，不知道需要多少块啊？

站在旁边的地砖商店的老板说：

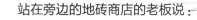

这好办，你们是不是要买边长为4分米的正方形地砖？现在的大地砖的边长是8分米，是原来的2倍。

那么现在要买的数量就是原来小地砖数量的 $\frac{1}{2}$，也就是250块。

叔叔，你算得不对。

47

这……这怎么不对了？

就这样晓明给老板算了起来。听了之后，地砖老板十分佩服晓明。

不过，以防运输和施工时地砖破碎，我们可以再多买10块地砖。

老板忍不住地夸赞道：

想不到你小小年纪，想问题还挺周到。

你们可以思考一下，晓明到底买了几块地砖呢？

开脑洞

亮亮家客厅的长为6米，宽为3米。用边长为3分米的方砖铺客厅地面，在不考虑损失的情况下，一共需要准备多少块方砖？

根据长方形的面积 = 长 × 宽，即可求出客厅的面积，再乘以100即可换算成平方分米；方砖的面积 = 边长 × 边长。据此，用客厅的面积除以方砖的面积，即可求出方砖的块数。

解：6×3=18（平方米），

18平方米 =1800平方分米，

3×3=9（平方分米），

1800÷9=200（块），

答：一共需要准备200块方砖。

数学大爆炸

④ 几何很好玩

于启斋 著
蓝色小象 绘

电子工业出版社
Publishing House of Electronics Industry
北京·BEIJING

图书在版编目（CIP）数据

数学大爆炸.④,几何很好玩 / 于启斋著；蓝色小

象绘. -- 北京：电子工业出版社, 2024. 9. -- ISBN

978-7-121-48897-9

Ⅰ. O1-49

中国国家版本馆CIP数据核字第2024LC5046号

责任编辑：王佳宇

印　　刷：北京启航东方印刷有限公司

装　　订：北京启航东方印刷有限公司

出版发行：电子工业出版社

　　　　　北京市海淀区万寿路173信箱　　邮编：100036

开　　本：880×1230　1/16　印张：19.5　字数：234千字

版　　次：2024年9月第1版

印　　次：2024年9月第1次印刷

定　　价：158.00元（全6册）

凡所购买电子工业出版社图书有缺损问题，请向购买书店调换。若书店售缺，请与本社发行部联系，联系及邮购电话：（010）88254888，88258888。

质量投诉请发邮件至zlts@phei.com.cn，盗版侵权举报请发邮件至dbqq@phei.com.cn。

本书咨询联系方式：电话（010）88254147；邮箱wangjy@phei.com.cn。

目 录
Contents

不会被难倒的少年

在南宋时期，我国诞生了一位杰出的数学家杨辉。少年时代的杨辉聪明好学，读书专注用心。

有一次，杨辉听说远方有一位精通算术的老先生。于是，对数学有着浓厚兴趣的杨辉便决定去拜访他。

一天，杨辉徒步出发，几经周折，终于来到了老先生的府上。

他向老先生跪拜行礼，说自己想拜老先生为师。

看着一脸稚气的少年杨辉，老先生心想：

像他这样的少年竟然喜欢算术，能吃苦吗？

年轻人，你还是回去吧，学习算术是一件苦差事。

不但需要聪明的头脑，而且需要顽强的毅力，一般人是坚持不下去的。你还是回去读圣贤书吧！

杨辉谦恭礼貌，向老先生跪拜道：

我十分喜欢算术，请先生接受我这个学生吧！我一定会努力，不会让您失望的。

老先生被眼前的这个少年打动了，想了想，说道：

有一道算术题，我刚刚理出一些头绪，你试一试怎么样？

好的，先生，请您说出来，我试着算一算。

翻译一下就是长方形的面积是864平方步,已知长方形的宽比长少12步,问长与宽的和是多少?

求解这道题需要用二元一次方程。老先生以为对于杨辉而言这道题会非常难。谁知他刚出完这道题杨辉就说道:

杨辉便把计算方法一五一十地说了一遍,老先生被眼前的这位少年折服了,再也不敢怠慢他。

这个大正方形中间有一个空缺，这个空缺恰好是一个小正方形，它的边长就是原来的长方形的长与宽之差，也就是12步。

由此可知，大正方形的面积为
864×4+12×12=3600（平方步）。

因为60×60=3600，所以大正方形的边长是60步，这就是所求的长方形的长与宽之和。

开脑洞

还可以用一元二次方程来解答上面这道题。

解：设长为 x 步，宽为（$x-12$）步，根据题意得 $x(x-12)=864$。

解得 $x=36$ 或 $x=-24$（舍去），宽为 $x-12=36-12=24$（步）。所以，长 + 宽 =36+24=60（步）。

杨辉将一个二元一次方程的代数问题转化为几何问题，用4个长方形组成一个大的正方形，方法巧妙而又直观，解答过程十分简便。

4 枚硬币围成的面积是多少

一天，梁一波写完了作业，看胡一海还有一道数学题没有做完，便自己拿出4枚硬币玩了起来。

胡一海伸伸腰，活动活动手腕。

哎！我终于把数学作业写完了。

我怎么觉得几何这部分内容不好理解呢！

学习几何这部分内容，需要清楚各种各样的几何图形的概念和性质。

把重要公式记住，学会灵活运用，还需要多做题。

梁一波继续玩手里的硬币。他将4枚硬币对称地摆在一起，发现硬币之间有一块空隙。

你看，我把4枚硬币紧紧地靠在一起，这4枚硬币之间有一块空隙。

假设硬币的直径是2厘米，怎么求出空隙的面积呢？

胡一海看了看空隙部分，发现这是一个不规则的图形。

平常我们在课堂上计算的都是规则图形的面积，要怎么求不规则图形的面积呢？

你只看到了表面现象，4枚硬币组成的空隙的面积看似无法求解，

但不要只看空隙面积本身，还要注意到它是由4枚硬币围成的。

每一枚硬币都可以看成是一个圆，这块空隙部分不就是由4个扇形围成的图形吗？

借助三角板，梁一波用铅笔把4个小圆中相邻的圆的圆心连接。

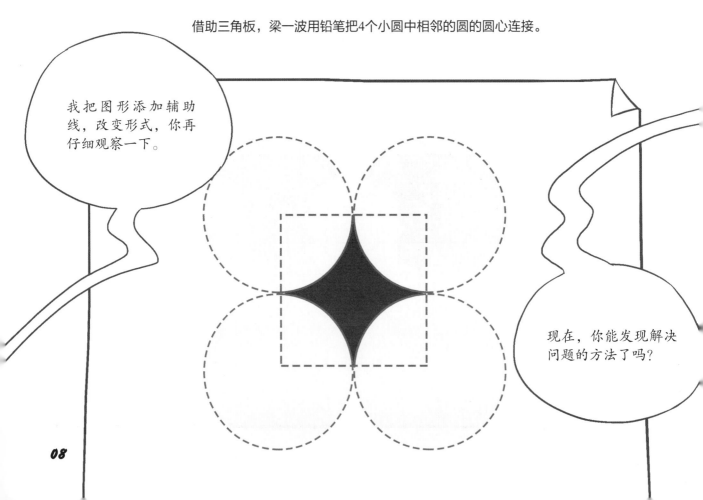

哦，我明白了。连接4个圆心，恰好是1个正方形。正方形内有4个扇形，每个扇形的面积都是圆的 $\frac{1}{4}$。而且，正方形的边长正是圆的直径，也就是2个半径。

从正方形的面积中减去4个扇形面积，就是由4枚硬币围成的空隙部分的面积。

答对了！

随后，胡一海在草稿纸上开始计算。

4枚硬币围成的空隙部分的面积
= 正方形的面积 - 4个扇形的面积
$= 2 \times 2 - 4 \times \frac{1}{4}\pi r^2$
$= 4 - 4 \times \frac{1}{4} \times 3.14 \times 1^2$
$= 0.86$（平方厘米）。

开脑洞

还可以换一种思路来解答上面这道题。

由4枚硬币围成的空隙部分，原来是正方形中去掉一个面积最大的圆的剩余部分。

$2 \times 2 - \pi r^2 = 4 - \pi r^2 = 4 - 3.14 \times 1^2 = 0.86$（平方厘米）。

在一个正方形内减去一个面积最大的圆，则余下部分的面积占正方形面积的多少？

$0.86 \div (2 \times 2) = 0.215 = 21.5\%$。

也就是说，在一个正方形内减去一个面积最大的圆，则余下部分的面积是正方形面积的 21.5%。之后这个结论可以直接用。

上面的计算可以变成：$2 \times 2 \times 21.5\% = 0.86$（平方厘米）。

有趣的莫比乌斯带

很久以前，有两个德国人在一起玩游戏。

给你一张宽为3厘米、长为30厘米的白纸条，将首尾连接起来形成一个闭合纸圈，并在这个纸圈上涂颜色。

有一个要求：不能用一种颜色涂纸条的一面，再用另一种颜色涂纸条的另一面，只允许用一种颜色在纸圈上连续涂。

把纸条的两面都涂成一个颜色，不留一点儿空隙，你能做到吗？

不就是涂一种颜色嘛，这有什么难的？

接受挑战的德国人，把纸条直接首尾相连，结果形成的纸圈有两个面，这样一定会出现涂完一面再涂另一面的情况，这不符合要求。他想来想去，也不知道该怎么办，只能认输了。

不过，这个问题自此就流传了下来。几百年来，科学家们对这个问题进行了深入研究。他们都想做出一个只有一个表面，且以一条封闭曲线作为边界的纸圈，结果都是竹篮打水一场空。

后来，德国科学家莫比乌斯对这个问题产生了浓厚的兴趣，他进行了长期的探索。不过在一开始，他没有取得任何成果。

有一天，莫比乌斯去野外散心。他漫步在乡间小路，呼吸着新鲜空气，感受着凉爽的微风，十分轻松。在经过一片玉米地时，眼前肥大的玉米叶子吸引了他。那绿色的叶子在他的眼里似乎变成了绿色的纸条。

他不由自主地蹲下，仔细观察。他看见许多叶子耷拉下来，甚至有些叶子还拧成了半个圆圈。他摘下一片叶子，顺着叶子自然扭转的方向将叶子扭成了一个圆圈。

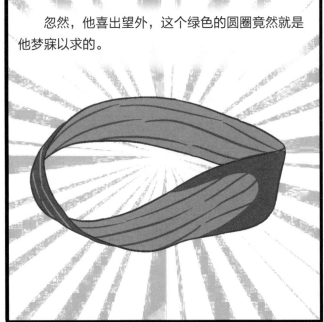

忽然，他喜出望外，这个绿色的圆圈竟然就是他梦寐以求的。

莫比乌斯十分高兴，急匆匆地赶回办公室，裁出纸条，再把纸条的一端扭转180度，两端再贴在一起。满足要求的纸圈就完成了！

莫比乌斯十分高兴。他捉了一只小甲虫，放到纸圈上。果然，小甲虫不用翻越任何边界便爬过了纸圈的所有部分。

莫比乌斯看后，激动地说：

公正的小甲虫，你证明了这个纸圈只有一个面。

这个简单而又奇妙的纸圈震惊了整个科学界。人们为了纪念莫比乌斯，便把这种纸圈叫作"莫比乌斯圈"，又叫作"莫比乌斯带"。

开脑洞

如果在裁好的一张纸条的正中间画一条线，将一端扭转180°，和另一端粘在一起，得到莫比乌斯圈。再用剪子沿中线剪开，将这个纸圈一分为二，那么你并不会得到两个纸环，而是会得到一个大纸环。

如果在这张纸条上画两条线，将它三等分，再粘成莫比乌斯圈。之后用剪刀沿其中一条线剪开，那么你会得到一大一小互相套着的两个纸环。

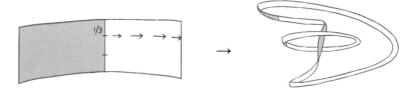

莫比乌斯圈就是这样有趣而富有魔力。我们不妨再试一试，如果将中间画线的纸条一端扭转360°，和另外一端粘成一个环，再沿线剪开，又会发生什么变化呢？

他围的面积不是最大的

巴霍姆在心里盘算了一下。

这个方法不错，自己能跑，可以多圈点儿土地。

第二天，太阳刚从地平线升起，巴霍姆就开始行动了！

巴霍姆不是在走，而是在跑。他先笔直地向前跑了10千米，这个距离可不算短，他累得气喘吁吁。

接着他朝左拐弯，又向前跑出了13千米。

他再次向左拐弯，马不停蹄，又跑出了2千米。

巴霍姆害怕在太阳落下时回不到起点，他抬头看看太阳，发现太阳已经离地平线很近了。于是，他立刻改变方向，笔直地朝出发点跑去。

跑呀，跑呀！太阳已经有一部分落到地平线以下了，可是巴霍姆离起点还有一段距离！

为了不浪费1000卢布，他拼命地跑，在太阳落到地平线之下以前，他终于跑回了起点。

我胜利了！

不过，巴霍姆给世人留下了一个值得探讨的数学问题。如果把巴霍姆跑过的路线画出来，可以看到巴霍姆跑的路线围成了一个梯形。

梯形面积 =（上底 + 下底）× 高 ÷ 2，可以计算路线所围成的面积是（10 + 2）× 13 ÷ 2 = 78(平方千米)。

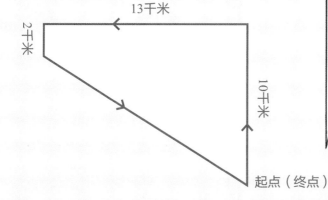

假如巴霍姆一天能跑40千米，他应该围成哪种矩形，面积才是最大的呢？

我们知道，周长是40千米的矩形有许多种，它们的面积是不相同的。但是，矩形的面积 = 长 × 宽，长 + 宽 = 矩形的周长 ÷ 2。这就回到了一开始的问题，周长是40千米的矩形，长和宽各为多少时面积最大？

开脑洞

有这样一道有趣的题目，大家一起来做一做。

把8拆成两个自然数，怎样才能使两个自然数的乘积最大？

把8拆成两个自然数有4种情况，它们的乘积分别是：1 × 7 = 7，2 × 6 = 12，3 × 5 = 15，4 × 4 = 16。也就是说，当把8拆成两个相等的自然数时，它们的乘积最大。

当把一个数拆成两个相等的数时，它们的乘积最大。由此我们可以知道，当矩形的长和宽相等时，面积最大。所以，在周长为40千米的矩形中，最大图形的面积是10 × 10 = 100（平方千米）。

如果巴霍姆知道这个道理，他想得到最多的土地，就应该沿着一个边长是10千米的正方形跑，这样可以多得100 - 78=22（平方千米）的土地。

结论：周长相等的矩形中，正方形的面积最大。

唐僧的紧箍咒

唐僧师徒四人一起去西天取经。一天中午，烈日当空，师徒四人感到口渴难忍。于是，唐僧让孙悟空去找水。

然而，孙悟空刚一离开，就有一个村妇拿着瓦罐走了过来。

请问，这瓦罐里装的是水吗？

是啊，我刚从山那边过来。看把你们热的，喝口水再赶路吧！

阿弥陀佛，善哉！善哉！

猪八戒接过水，毕恭毕敬地送到师父面前。

师父，不能喝！

18

唐僧被孙悟空这突如其来的举动吓到了。

岂有此理！这成何体统！

孙悟空来不及回答，举起金箍棒朝那位漂亮的村妇砸去。

妖怪，吃俺老孙一棒！

妖怪？我怕，长老快救救我！

悟空，不得无礼！

师父，她是蟒蛇精！

荒唐！

那不是水，是蛇毒！

这村妇心地善良，愿意把水让给我们喝，你休得胡言！

孙悟空再次挥舞金箍棒向妖精砸去，这一下击中了妖精的头，妖精当即死去，倒在了唐僧身边。

唐僧见孙悟空出手伤人，十分生气，当下便双手合十，双目紧闭，口中念起了紧箍咒。

唵 (ōng)、嘛 (mɑ)、呢 (nī)、叭 (bēi)、咪 (mēi)、吽 (hōng)

痛得孙悟空在地上连连打滚。他头上的金箍直径为15厘米，唐僧每念一句咒语，金箍的长度就会缩短1%。

唐僧忽然听到猪八戒尖叫，便睁开了眼睛，只见那村妇不知何时竟变成了一条蛇。唐僧这才如梦初醒，知道自己错怪了孙悟空。

蛇！蛇！

师父，您害得徒儿好苦啊！

假如唐僧念了十句咒语，金箍会嵌进孙悟空的头多深呢？

圆的周长公式为 $C=2\pi r$，所以圆的半径和圆的周长成正比。当圆的周长缩短1%，半径也会缩短1%。金箍的直径为15厘米，半径为7.5厘米。

念第一句咒语，半径缩为 $7.5\times(1-\frac{1}{100})$。
念第二句咒语，半径缩为 $7.5\times(1-\frac{1}{100})^2$。
念第三句咒语，半径缩为 $7.5\times(1-\frac{1}{100})^3$。
……

念第10句咒语，半径缩为 $7.5\times(1-\frac{1}{100})^{10}$。
因此，金箍嵌进的尺寸为 $7.5-7.5\times(1-\frac{1}{100})^{10}\approx0.717$（厘米）。
原来金箍嵌进去了那么深。难怪法力高深的猴哥也会疼痛难忍，在地上连连打滚呢！

开脑洞

圆是一种几何图形，即平面中到一个定点的距离为定值的所有点的集合。

用圆规画圆时，针尖所在的点叫作圆心，一般用字母 O 表示。连接圆心和圆上任意一点的线段叫作半径，一般用字母 r 表示，半径的长度就是圆规两个脚之间的距离。通过圆心并且两端都在圆上的线段叫作直径，一般用字母 d 表示。

连接圆上任意两点的线段叫作弦，圆中最长的弦是直径。

圆的周长公式：$C=2\pi r$，$C=\pi d$。

圆的面积公式：$S=\pi r^2$。

其中，r 表示圆的半径，d 表示圆的直径。π 是圆周率，是个无限不循环小数，通常取3.14。

七桥问题

在俄罗斯加里宁格勒州哥尼斯堡的一个公园里，7座桥将普雷格尼尔河中的两个小岛与河岸连接起来。

哥尼斯堡被河水分成4块，交通十分便利，因为河上横跨着7座桥，这7座桥风格迥异。随着时间的流逝，这7座桥上走过了无数的行人。

然而，不知在什么时候，有一个问题在民间流传开来。

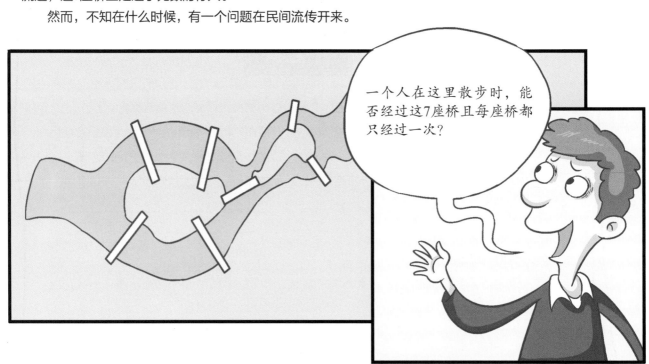

一个人在这里散步时，能否经过这7座桥且每座桥都只经过一次？

许多人来到这里进行尝试，想找到走完这7座桥且每座桥只走一遍的方法，但始终没人能做到。

这个问题让哥尼斯堡的大学生知道了，好奇心驱使他们利用课余的时间前来尝试，探索问题的答案。

大家走来走去，也没有得出这个问题的答案。后来，哥尼斯堡的"七桥问题"竟成了一道难以破解的数学难题。

这个难题如同一块巨大的磁石，吸引着人们的注意力，很多人都在探索这个问题的答案。

一位大学生想为什么不去请教一下大数学家欧拉呢？于是，这位大学生写信将这个问题寄给了欧拉教授。

欧拉教授看过这封信后，首先进行了这样的思考。

既然问题是要找一条不重复地经过7座桥的路线，这4块陆地就是桥梁的连接点。

那么，不妨把4块陆地看作是4个点，把7座桥画成7条线。

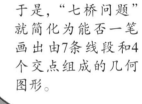

于是，"七桥问题"就简化为能否一笔画出由7条线段和4个交点组成的几何图形。

大数学家欧拉思考的角度十分巧妙，而且有着独到之处——把一个实际问题，抽象成具体的数学模型。

说起来，这并不需要深奥的数学理论。

但想到这一点，却是解决问题的关键。

接下来，欧拉以一笔画定理为判断准则，很快做出判断。

要一次不重复地走遍哥尼斯堡的7座桥是不可能的。也就是说，多少年来，人们绞尽脑汁寻找的路线，压根就不存在。

欧拉教授显示出了他超群的数学才能。

开脑洞

1736年，欧拉在交给圣彼得堡科学院的《哥尼斯堡的七座桥》的论文报告中，阐述了他的解题方法。

一笔画问题在设计最短邮路、洒水车线路等问题中，都有实际的应用。

在"七桥问题"之后，数学家们不停地努力，终于建立了新的数学分支——位置几何学，现在一般称其为"图论"。

如果大家感兴趣，自己不妨试一试动手绘图。

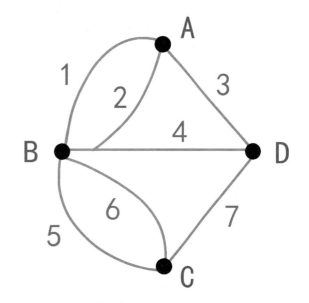

巧测河宽

1805年，拿破仑率领法军，在莱茵河同德俄联军展开了战斗。拿破仑大军在莱茵河的南岸，德俄联军在北岸死守，两军剑拔弩张。为了尽快取得关键性的胜利，拿破仑决定用炮火轰击德俄联军。

炮击需要知道河宽，正常情况下可以使用小船进行测量。但是，由于战争的爆发，莱茵河上的小船早就不见了。

在两军对峙的情况下，法军如果派自己的船去测量河宽，一定会遭到猛烈的攻击。

那时，不但不能测量河宽，还会导致船毁人亡，白白损失兵力和船只。要怎么办呢？

这件事让拿破仑苦恼不已。

一天，拿破仑和卫兵一起来到莱茵河南岸，观察对岸的敌军，他们想了解敌军的军事部署。他望着宽阔的莱茵河满面愁容。

河宽到底是多少呢？

晚上让士兵渡河进行测量？不行，晚上敌军在河边不断巡逻，士兵可能还没游过去，就会被击毙。

就没有其他办法了吗？用炮弹随机轰炸一阵？不行这样会浪费很多炮弹！不！绝不打无把握之仗。

正当拿破仑一筹莫展时，他忽然发现河水、北岸的边界线与自己帽檐的边缘正好在同一条直线上。他灵机一动，一步一步地向后退去，卫兵不知道他在干什么，便急忙跟了上来。

只见拿破仑一直向后退，当退到河南岸的边界线正好与他的帽檐的边缘在一条直线上时，他停了下来。

把我刚刚站在南岸边时的那个点，与我现在站的点之间的距离测量一下。

将军，这有什么用途吗？

这个距离恰好就是河宽。

拿破仑让卫兵将测量的数据送给了炮兵。炮兵马上开始攻击，炮弹如同长了眼睛，将德俄联军的工事全部摧毁了。

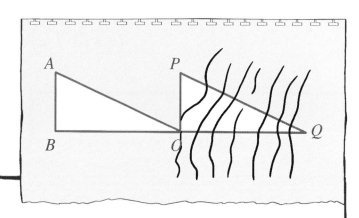

从此，拿破仑巧用数学知识来测量河宽的故事闻名世界。

实际上，拿破仑运用的是两个三角形全等的性质。假设拿破仑的站姿始终不变，拿破仑的初始位置在河南岸边 O 点，他的身高是 OP。此时，他的帽檐边缘与河北岸 Q 点正好在一条直线上。联结 P 点、O 点和 Q 点，得到一个三角形。接下来，他沿直线后退，到达 B 点时，他的帽檐边缘与河南岸 O 点正好在一条直线上。此时，他的头在 A 点。联结 A 点、B 点和 O 点，也得到一个三角形。我们来比较一下这两个直角三角形。由于拿破仑的站姿不变，AO 平行于 PQ，因此 $\angle AOB = \angle PQO$（两条直线平行，同位角相等）；同样由于拿破仑的站姿不变，$\angle ABO = \angle POQ$（拿破仑垂直站立，则这两个角都是直角）；由于拿破仑的身高不变，$AB = PO$。所以，三角形 ABO 与三角形 POQ 全等，$BO = OQ$，BO 的长度就是河宽。

开脑洞

三角形全等的判定方法：

"边边边"定理：三边对应相等的两个三角形全等；

"角边角"定理：两角和它们的夹边对应相等的两个三角形全等；

"角角边"定理：两角及其中一个角的对应的边对应相等的两个三角形全等；

"边角边"定理：两边和它们的夹角对应相等的两个三角形全等；

"斜边、直角边"定理：斜边和一直角边对应相等的两个直角三角形全等；

掌握了这些，我们就可以判断两个三角形是否全等。

谁的赛程长

张一杨和刘小乐是同学，也是好朋友。

我比你跑得快，因为我的腿长，跑起来一步顶你两步。

不见得吧，我虽然矮，但我的速度快，你跑一步我可以跑两步。

张一杨和刘小乐谁也不服谁，于是就争论了起来。

这有什么好争论的，你们比试一下不就知道了吗？

好！好办法

我前几天在校外的广场上，画了一个大型的跑道。

是由3个半圆组成的，你们可以在这3个半圆上尝试一下。

张一杨和刘小乐答应了。三个人来到了场地，只见地上确实画了一条由3个半圆组成的跑道。

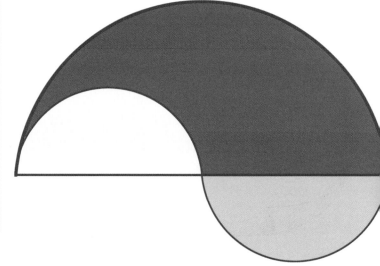

沿着这个大的半圆，可以从甲地跑到乙地；沿着这2个小的半圆，也可以从甲地跑到乙地。这两条路任你选。

那我就跑这2个小的半圆吧！

当张一杨和刘小乐在甲处站好后，胖胖给他们当发令员。

各就各位！预备！跑！

张一杨和刘小乐在各自的跑道上奔跑。张一杨的步子大，一步顶刘小乐的两步；刘小乐的速度快，张一杨跑一步他能跑两步。

过了一会儿，张一杨和刘小乐同时到达了乙地。刘小乐一边喘着粗气一边说：

不对，你跑得这条跑道一定比我的短。你想想，你跑了1个半圆。

我跑的是2个半圆，我比你多跑了1个半圆！

你胡说！你跑得半圆多小啊，我跑得半圆多大呀，我跑的这条路一定比你的要长。

既然你们都觉得自己跑的跑道长，不妨交换一下再跑一次，这样就可以看出谁的速度快了。

于是，张一杨和刘小乐交换了一下跑道，张一杨跑2个小的半圆，刘小乐跑1个大的半圆。

各就各位！预备！跑！

张一杨和刘小乐迅速沿着跑道跑了起来。他们争分夺秒，毫不相让。谁知最后两个人又同时到达了乙地。

原来1个大半圆和2个小半圆的长度是一样的。所以，你们的速度也是一样的！

怎么会这样呀？

这好办。我们可以计算一下，看看长度是不是一样的。

设大半圆的直径为D，那么，里面2个小半圆的直径为$\frac{D}{2}$。大半圆的周长=πD。2个小半圆的周长之和=$\pi\frac{D}{2}+\pi\frac{D}{2}=\pi D$。

张一杨和刘小乐见到胖胖的计算过程后豁然开朗。原来两条跑道一样长，他们的速度也是一样的。

这时，张一杨和刘小乐不好意思地相视一笑，为自己的自负感到不好意思。

开脑洞

把2个小半圆改成3个小半圆、4个小半圆……100个小半圆，大半圆的周长和这些小半圆的周长之和仍然是相等的。

大家不妨亲自动手演算一下！

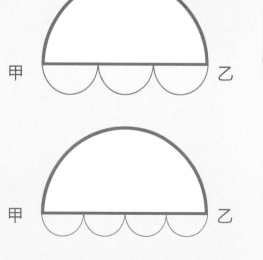

王小刚和田小瑞瞪大了眼睛，又认真地看了两遍图。

我分析出来了。可以这样考虑，作正方形的对角线 AD 和 BC，两条对角线相交于 O 点，这样两条对角线将正方形平均分成四份。

怎么一划分，这图形就变了呢？

你再仔细听听！

要计算整个图形中白色部分的面积与阴影部分的面积的比，只需要计算三角形 AOB 中白色部分的面积与阴影部分的面积的比就可以了。

这些梯形的高都相等。所以这些梯形的面积之比就是这些梯形的上底与下底的和之比。

在三角形 AOB 中，可以把白色和阴影两部分图形，都看作是梯形，其中，把最上端的小阴影三角形看作是上底为0的梯形。

也就是说：图中白色部分的面积与阴影部分的面积之比是2：3。

从小到大，5个梯形的面积之比为

1：（1+2）：（2+3）：（3+4）：（4+5）

=1：3：5：7：9

因此，图中白色部分的面积与阴影部分的面积的比为

（3+7）：（1+5+9）

=2：3

哇！完全正确！我给你也记上5分。

开脑洞

还可以用另一种方法来解答上面这道题。

通过观察已知图形，我们先计算图形中白色部分的面积。

白色部分的面积是（2^2-1^2）+（4^2-3^2）=10（平方米）。

阴影部分的面积是$5^2-10=15$（平方米）。

因此，白色部分的面积与阴影部分的面积之比是10：15=2：3。

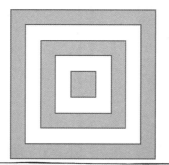

求瓶子的容积

星期天，王一航和田晓乐一起去踏青。一路上他们十分兴奋，走得很快，但由于艳阳高照，不久，他们就口干舌燥了。

那太好了，给我1瓶解解渴！

不急，我这个瓶子装着水，它就是一道数学题，请你解答一下。

如果你答出来了，这瓶水就送给你喝。

如果你没答出来，对不起，我喝水你看着。

田晓乐说完，就从背包里拿出一瓶水和一把卷尺。王一航瞪大眼睛看着田晓乐，不知道他要干什么。

只见田晓乐把瓶子放到地上，用卷尺测量了瓶子的高度是36厘米，瓶子的上半部分没有水，有水的部分的高度是24厘米；再把瓶子倒过来放到地面上，测量了瓶口到水面的距离是30厘米，瓶底的直径是10厘米（见下图）。

（单位：厘米）

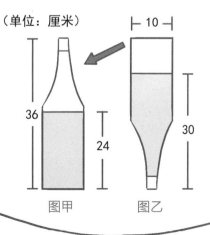

图甲　　图乙

求瓶子的容积是多少？

你开始算吧！

为了能喝到水，王一航立刻思考起来。

瓶子虽然有粗有细，但瓶身是圆柱体。瓶底的直径是10厘米，半径就是10÷2＝5（厘米）。

那么，空圆柱的体积＋装有水的圆柱的体积＝瓶子的容积。

圆柱的体积公式等于底面积（πr^2）× 高（h）。本题中，瓶颈部分的体积无法进行具体计算。

但是可以避开这个部分，不进行计算，这就使问题简单了。

从图甲、图乙中可以看出，没有液体的部分的体积是相等的。图乙中空圆柱的体积：

$3.14 \times 5^2 \times (36-30)$；

装有水的圆柱的体积：

$3.14 \times 5^2 \times 24$。

瓶子的容积：

$3.14 \times 5^2 \times (36-30) + 3.14 \times 5^2 \times 24$

$=3.14 \times 25 \times 6 + 3.14 \times 25 \times 24$

$=3.14 \times 25 \times (6+24)$

$=3.14 \times 25 \times 30$

$=2355$（立方厘米）。

王一航算完后，直接拿过那瓶水，拧开瓶盖就喝起来了。

还可以用多种方法来解答上面这道题。

解法一：空圆柱与装有液体的圆柱等底，将它们拼在一起，就成了一个底面直径为10厘米，高为30厘米（高为$36-30+24$）的圆柱，求出这个圆柱的体积就算出了瓶子的容积。

$3.14 \times 5^2 \times (36-30+24)$

$=3.14 \times 5^2 \times 30$

$=2355$（立方厘米）

解法二：先求出空圆柱的高为6厘米，在等底的情况下，6厘米是24厘米的几分之几，那么高为6厘米的圆柱的体积就是高为24厘米的圆柱的体积的几分之几。因此，求出图甲中的圆柱的体积后再加上这个体积的$\frac{1}{4}$就可以了。

$3.14 \times 5^2 \times 24 \times \left(1+\frac{1}{4}\right)$

$=3.14 \times 5^2 \times 30$

$=2355$（立方厘米）

如果你对其他的解法还有兴趣，不妨再继续研究一下。

数学帮了我的忙

一个双休日，爸爸从煤场买来了一车蜂窝煤，他把蜂窝煤摆放好。

小刚，你来数一下，这车蜂窝煤一共有多少块？

好的，小菜一碟。

1块，2块，3块……

小刚在认真地数着，一只小花猫过来蹭他，他把小花猫推到一边。

走开！捣什么乱？

哎！竟然把刚数的数字给忘了。于是，小刚只好从头再来。

1块，2块，3块……

刚数到100时，一只公鸡响亮地打鸣，又扰乱了他。

1块，2块，3块……

无奈，小刚只好又重新开始。

这时，妈妈在屋子里叫他。

小刚，你过来一下。

小刚回去帮妈妈放好碗筷后，又想不起数到哪了。想不到数蜂窝煤竟然这么不顺利，小刚便不再数了。

第二天的数学课，李老师出了一道数学题。

一堆钢管共10层，最上面的一层有4根，最下面的一层有13根，每层相差一根，那么这堆钢管共有多少根？

同学们要注意，这堆钢管的横截面是梯形。

小刚一听是梯形，心里顿时乐开了花。

不用一根根地数了，可以用梯形的面积公式去计算。

梯形的面积公式：$S=\dfrac{(a+b)h}{2}$。公式中，a和b分别为梯形的上底和下底，h为高，面积为S。

于是，小刚利用梯形的面积公式列出算式：

$S=\dfrac{(a+b)h}{2}=\dfrac{(4+13)\times 10}{2}=\dfrac{17\times 10}{2}=$ 85（根）。

小刚算完后，急忙将自己的结果给老师看，老师一看，满意地点了点头。小刚高兴极了！

小刚在做完这道题后，陷入了思考。

为什么不用这种方法去算家里蜂窝煤的数量呢？

小刚放学回家后，他急匆匆地把家里的蜂窝煤摆放成了梯形。最上层有13块，底层有20块，共有8层高，共有5堆。于是，小刚根据梯形的面积公式，算出了家里蜂窝煤的数量。

将上面的数据代入梯形的面积公式。
$S = \dfrac{(a+b)h}{2} = \dfrac{(13+20) \times 8}{2} = 132$（块），
共有5堆，每堆132块，则有132×5=660
（块）蜂窝煤。

对，我就是买了660块
蜂窝煤。你善于用数
学方法解决实际问题，
这样很好。学以致用，
还要继续努力，你说
对吧？

开脑洞

我们首先要知道什么是梯形。一组对边平行，另一组对边不平行的四边形是梯形或一组对边平行且不相等的四边形是梯形。

我们知道了梯形面积的计算公式，还应该知道梯形的相关性质，梯形的上、下两底平行；梯形的中位线（两腰中点相连的线叫作中位线）平行于两底并且等于上底、下底的和的一半；等腰梯形的对角线相等。

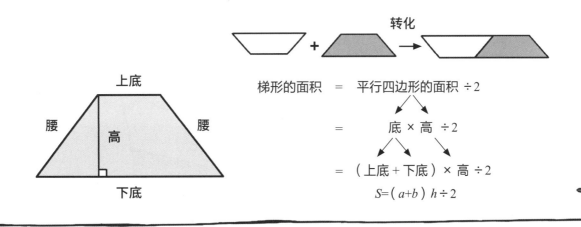

梯形的面积 ＝ 平行四边形的面积 ÷2

＝ 底 × 高 ÷2

＝（上底 ＋ 下底）× 高 ÷2

$S = (a+b)\,h \div 2$

买哪种西瓜合算

大西瓜的直径比小西瓜大不了多少，小西瓜的数量多呀！

光看数量还不行，你用球的体积公式计算一下。

好吧。球的体积公式为$\frac{4}{3}\pi R^3$或$\frac{1}{6}\pi D^3$。

其中，R是球的半径，D是球的直径。怎么算才方便呢？

你要求它们的体积之比，这样就可以省去用$\frac{1}{6}$和π了。

对呀！大西瓜的体积与三个小西瓜的体积之比是$(8\times8\times8):(3\times5\times5\times5)$ $=512:375$。

哎呀！买三个小西瓜太不合算了！

一般大西瓜的成熟度好，甜而多汁，而小西瓜的成熟度一般不如大西瓜。

有经验的人宁愿买贵一点儿的大西瓜，也不愿意买便宜的小西瓜。

爸爸，买西瓜还真涨知识！

是啊！

开脑洞

这里涉及了球的体积公式和球的表面积公式。

$V_{球} = \dfrac{4}{3}\pi R^3 = \dfrac{1}{6}\pi D^3$ ， $S_{球} = \pi D^2 = 4\pi R^2$ 。

知道了其中的两项，就可以求出另一项。

题目：一个球的表面积为16π平方厘米，则球的体积为多少？

解：球的表面积为16π平方厘米， $S_{球} = 4\pi R^2 = 16\pi$ ，即 $R = 2$（厘米）。

所以， $V_{球} = \dfrac{4}{3}\pi R^3 = \dfrac{4}{3}\pi \times 8 = \dfrac{32\pi}{3}\pi = \dfrac{32\pi}{3}$（立方厘米）。

数学大爆炸

⑤ 魔法转转转

于启斋 著
蓝色小象 绘

电子工业出版社·
Publishing House of Electronics Industry
北京·BEIJING

图书在版编目（CIP）数据

数学大爆炸.⑤, 魔法转转转 / 于启斋著；蓝色小
象绘. -- 北京：电子工业出版社, 2024. 9. -- ISBN
978-7-121-48897-9

Ⅰ. O1-49

中国国家版本馆CIP数据核字第2024VB6241号

_____

责任编辑：王佳宇
印　　刷：北京启航东方印刷有限公司
装　　订：北京启航东方印刷有限公司
出版发行：电子工业出版社
　　　　　北京市海淀区万寿路173信箱　邮编：100036
开　　本：880×1230　1/16　印张：19.5　字数：234千字
版　　次：2024年9月第1版
印　　次：2024年9月第1次印刷
定　　价：158.00元（全6册）

凡所购买电子工业出版社图书有缺损问题，请向购买书店调换。若书店
售缺，请与本社发行部联系，联系及邮购电话：（010）88254888，88258888。

质量投诉请发邮件至zlts@phei.com.cn，盗版侵权举报请发邮件至dbqq@
phei.com.cn。

本书咨询联系方式：电话（010）88254147；邮箱wangjy@phei.com.cn。

目录
Contents

论功受赏分美酒

古时候，在一次战争中，埃及取得了重大胜利，扩大了自己的疆土。

为了庆祝战争的胜利，国王萨里翁大摆筵席来款待立下战功的将领们。
只见金碧辉煌的王宫张灯结彩，鼓乐齐鸣。大臣们齐聚一堂，热闹非凡！
之后，大臣们毕恭毕敬地向国王献酒，祝他万寿无疆。

国王十分高兴，吩咐人抬出了一个精美的酒瓮。

这里有100升美酒，我要赏给十位战功卓著的将军。

国王依次说出十位将军的名字，让他们站出来，根据国王钦定的功劳大小依次排队。第一个人的功劳最小，第二个人的功劳比第一个人的大，第三个人的功劳比第二个人的大……以此类推，后一个人比前一个人的功劳大，第十个人的功劳最大。

这100升美酒不是平均分给你们的，而是需要根据你们的功劳大小来分。

按现在排列的顺序，如果第1个人得到1份，那么第2个人应该得到2份，第3个人应该得到3份……第10个人应该得到10份。按照这个方法，你们自己把这一瓮酒分了吧。

谢谢陛下！

第1个人如果取1升，第2个人取2升，第3个人取3升……第10个人取10升，则一共是1+2+3+4+…+10=55（升）。

不过，十位将军在分酒时却犯了难。他们不知道自己应该取多少。大家经过反复商量，最终确定先这样分。

可如果这样分，100升美酒几乎剩了一半，不符合国王的要求。

也就是把100升酒平均分成55份，每份是 $1\frac{9}{11}$ 升。

按照国王的规定，功劳最小的第1个人应得1份，也就是 $1\frac{9}{11}$ 升；第2个人应得2份，也就是 $1\frac{9}{11} + 1\frac{9}{11} = 3\frac{7}{11}$ （升）

第3个人应得3份，也就是 $1\frac{9}{11} + 1\frac{9}{11} + 1\frac{9}{11} = 5\frac{5}{11}$ （升），其余以此类推。

将军们听后，恍然大悟，纷纷称赞这位小官聪明。

太聪明啦！

开脑洞

简便算法就是用将军们各自的名次去乘 $1\frac{9}{11}$ ，那便是每个人应得的酒。

第1个人应得：$1\frac{9}{11} \times 1 = 1\frac{9}{11}$ （升），

第2个人应得：$1\frac{9}{11} \times 2 = 3\frac{7}{11}$ （升），

第3个人应得：$1\frac{9}{11} \times 3 = 5\frac{5}{11}$ （升），

......

第10个人应得：$1\frac{9}{11} \times 10 = 18\frac{2}{11}$ （升）。

受赏的十位将军觉得这个分法不错，他们把算得的结果加起来：

$1\frac{9}{11} + 3\frac{7}{11} + 5\frac{5}{11} + \cdots + 18\frac{2}{11} = 100$ （升）。

无法兑现的奖赏

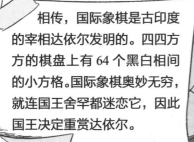

相传，国际象棋是古印度的宰相达依尔发明的。四四方方的棋盘上有 64 个黑白相间的小方格。国际象棋奥妙无穷，就连国王舍罕都迷恋它，因此国王决定重赏达依尔。

达依尔，你以自己的聪明才智发明了这种妙趣横生、引人入胜的游戏，我要重赏你。

你说你需要什么？凡是你想得到的，我都可以满足你！

陛下，我没有别的要求，只是希望陛下在棋盘上的第 1 个小格内赐给我 1 粒麦子，在第 2 个小格内赐给我 2 粒麦子，即 2^1，

在第 3 个小格内赐给我 4 粒麦子，即 2^2，在第 4 个小格内赐给我 8 粒麦子，即 2^3。

在第 5 个小格内赐给我 16 粒麦子，即 2^4……

什么，你就要麦子吗？

陛下，是的，恳请陛下按照我的要求吩咐下去。

每一个小格中麦子的数量是前一个小格中的 2 倍。请把这些麦子都赏给我吧。

国王认为达依尔提出的要求是对自己财富的一种蔑视，十分不高兴。

于是，国王便下令让侍从抬来一袋麦子。

特殊的奖赏仪式开始了。国王郑重其事地把 1 粒麦子放在第 1 个小格内。

又在第 2 个小格内放了 2 粒麦子。

在第 3 个小格内放了 4 粒麦子。

填满方格后，把剩下的麦子也送给达依尔。

随后，国王吩咐侍从继续摆放麦子。

侍从按照国王的吩咐一格一格地摆放麦子，每一格中麦子的数量都是前一格的 2 倍。按照这样的方法一直摆放下去，后面的小格内的麦子越来越多。当侍从把这个总数仔细地计算出来时，他竟被这个数字吓到了。

08

这是一个多么庞大的数字啊！1 立方米的麦子约有 15000000 粒。照这样计算，国王大约需要给宰相 1230000000000 立方米的麦子，比全世界 200 年内生产的麦子的总和还多。假如造一个高 4 米、宽 10 米的粮仓装这些麦子，这个粮仓的长大约是 31000000 千米，这个长度是地球赤道长度的 700 多倍，这样庞大的数字让人简直不敢想象！

这么多的麦子，夸下海口的国王怎么能拿得出来呢？这真是一个无法兑现的奖赏啊！

开脑洞

这是一个等比数列的和的计算。

如果一个数列从第 2 项起，每一项与它的前一项的比等于同一个常数，这个数列就叫作等比数列。

如 2，4，8，16，32，64，128，256……

大家不难发现这样的规律：除了第一项，每一项都是上一项乘以 2 的结果。

对于这个计算问题，随着大家知识的增长，会逐渐学到的。

金项链的陷阱

我准备在这里住23天。

多米尼克走进法国里昂市的一家旅馆，老板看到有生意上门，高兴得眉开眼笑的。

当多米尼克拿出钱包准备付款时，他发现钱包不见了。

多米尼克是一位地地道道的农民画家，他的画作涉及农村题材，这次到里昂市是来参加一个美术研讨会的。现在他身无分文，幸好包里还有一条金项链。多米尼克心想：也只有靠它来解燃眉之急了。

老板，我的钱包被偷了。

现在我身上只有一条金项链，我想用这条金项链来支付食宿费，行不行？

多米尼克一边说一边递上自己的金项链。旅店老板眼前一亮，接过金项链，用手掂了掂。

好吧，一天付一环。这条项链一共是……

1，2，3，4，5…共23环。

我看这条金项链很漂亮，把它一环一环地敲开太可惜了，等于给了我一件废物。

旅店老板见多米尼克穿得土里土气，便认为他好欺负。

要不这样吧，你只能敲开4环，最多5环，否则，你必须每天用3环来抵账。

我只要敲开2环，就能够每天付给你1环。

多米尼克一看对方居心不良，便决定整治他一番。他略一思考，对老板说：

只敲开2环？23环的金项链只敲开2环，怎么就会每天不多不少地付给我1环呢？这简直是痴心妄想。

如果你真能做到只敲开2环，每天不多不少地付给我1环，到最后，我会1环不少地还给你。

好的！

多米尼克和旅店老板击掌，承认对方所说有效。

在旅店老板贪婪的目光中，多米尼克敲下了金项链的第 7 环和第 11 环。

原本有 23 环的金项链现在变成了各有 6 环、1 环、3 环、1 环、12 环五个部分。

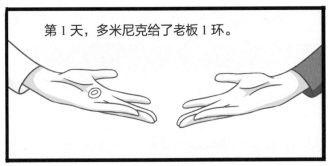

第 1 天，多米尼克给了老板 1 环。

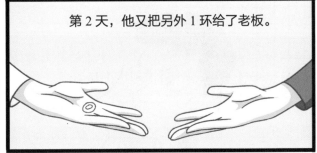

第 2 天，他又把另外 1 环给了老板。

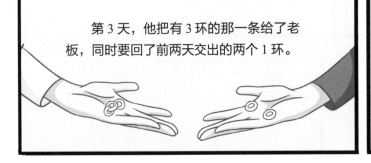

第 3 天，他把有 3 环的那一条给了老板，同时要回了前两天交出的两个 1 环。

第 4 天和第 5 天，他又把单独的两个 1 环交给了老板。老板手里已经有 5 环了。

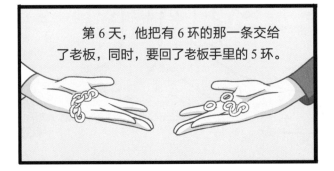

第 6 天，他把有 6 环的那一条交给了老板，同时，要回了老板手里的 5 环。

第 7 天、第 8 天、第 9 天、第 10 天、第 11 天，多米尼克重复前 5 天的做法，这时，旅店老板手里已经有 11 环了。

第 12 天，多米尼克把有 12 环的那条交给了旅店老板，同时要回了老板手里的 11 环。

就这样，从第 13 天开始，直到最后 1 天，完全重复前 11 天的做法。于是，在第 23 天，多米尼克正好付给旅店老板 23 环，而整条金项链只被敲开了 2 环。

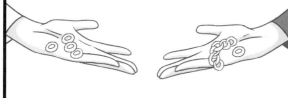

旅店老板目瞪口呆，想不到这个穿戴土里土气的人竟这样聪明，他不得不交出已经到手的 23 环金项链。

开脑洞

对于一个具体的数，一般它的拆分组合总是根据不同的需要而采用不同的方式，不能只是呆板地把一个数拆成若干个 1。一般一个多位数可以由十进制计数法表示为各个数位上数字表示的数值的和。如，$75043 = 7$ 万 $+ 5$ 千 $+ 0$ 百 $+ 4$ 拾 $+ 3$ 个，或 $75043 = 7 \times 10^4 + 5 \times 10^3 + 0 \times 10^2 + 4 \times 10 + 3$。

其实，数的拆分组合还有多种方法。例如，2 和 7，3 和 6，4 和 5 都组成 9；4 和 6，3 和 7，2 和 8 都组成 10。

在实际计算中，为了简便计算，199 经常表示为（200 － 1），32 经常表示为 8×4。

$473 - 199 = 473 - (200 - 1) = 473 - 200 + 1 = 273 + 1 = 274$；

$125 \times 25 \times 32 = 125 \times 25 \times (8 \times 4) = 125 \times 25 \times 8 \times 4 = (125 \times 8) \times (25 \times 4) = 1000 \times 100 = 100000$。

可以这样安排时间

周六早晨，滕亦艳和妈妈吃完早饭，就开始忙各自的事情。滕亦艳做作业，妈妈做家务。

妈妈你扫地只需要10分钟，而我写完数学作业，还要写语文作业和英语作业，都写完大约需要40分钟。

我们来比赛怎么样？

你做作业，我做家务，看谁先完成。

30+10+5+5+10=60（分）。妈妈要做的家务真多啊。

而我做完所有的作业只要40分钟，一定会在妈妈干完所有家务之前结束。

其实我有很多家务要做。

我用洗衣机洗衣服需要30分钟，扫地、擦地板需要10分钟，晾衣服需要5分钟，洗碗需要5分钟，整理书桌需要10分钟。你看，我干得家务也不少吧。

滕亦艳和妈妈都进入了比赛状态，两人各自忙碌着。

好，妈妈，我们比赛看谁先做完。

40分钟后，滕亦艳按时完成了作业。

以为自己稳操胜券的滕亦艳回头一看，咦，妈妈正在看书呢！

妈妈，你怎么开始看书了？你的家务做完了吗？

做完了，不做完家务我哪有时间看书呀。

迷糊的滕亦艳茅塞顿开。

还是妈妈经验丰富。

你知道滕亦艳是怎么计算妈妈做家务的时间的吗?

洗衣机洗衣服需要30分钟,晾衣服需要5分钟。

同时,可以扫地、擦地板(10分钟),整理书桌(10分钟),洗碗(5分钟)。

开脑洞

学校食堂要招聘一名厨师,杨厨师和隋厨师报名了,食堂的管理人员用简单的炒鸡蛋来考验他们的厨艺。炒鸡蛋有几个步骤:敲蛋1分钟,搅蛋1分钟,切葱花2分钟,洗锅1分钟,烧热锅1分钟,烧热油1分钟,炒蛋3分钟。

杨厨师按顺序一步一步地操作,一共需要10分钟,而隋厨师只用了8分钟。最后,学校食堂录用了隋厨师。

隋厨师巧妙地安排了时间,在烧热锅和烧热油的同时可以敲蛋、搅蛋,这样可以节省2分钟。

洗锅 → 切葱花 → 烧热锅(同时敲蛋)→ 烧热油(同时搅蛋)→ 炒蛋
(1分钟) (2分钟) (1分钟)   (1分钟)   (3分钟)

合理地分配时间也是一种生活的技巧与智慧。

最好的"免费午餐"

每天都按不同的顺序排列。等你们的顺序都变换完了，再不会有新的顺序出现，

不得不回到今天的顺序时，从那一天开始，我可以每天提供给你们免费的午餐，想要什么饭菜就上什么饭菜。

世界上真有这样的好事儿吗？

老板，说话算数吗？

如果我说话不算数，你们可以投诉我。

我们可以签订协议，如果我不遵守承诺，你们可以罚我把收入的 $\frac{9}{10}$ 拿出来，分给你们。

好！一言为定！

吃完饭后，大家推举出一位比较聪明的人，把就餐的座位顺序记录下来。为了大家每天按时用餐，记录的人便把用餐时的座位顺序提前排好，大家来到饭店后，就按照事先安排的顺序坐下来。

吃了几个月后，新的顺序依旧层出不穷，大家离免费的午餐遥遥无期。

记录座位顺序的年轻人认为这里面一定有很多知识，否则，老板怎么会说这样的大话。为此，他专门去拜访数学老师，向老师说明了事情的来龙去脉。

你们连这样的账都没有算清楚，就想去占人家的便宜，那不是癞蛤蟆想吃天鹅肉——想得美嘛！你们是吃不到免费的午餐的。

数学老师听后哈哈大笑。

老师，不是也有句话叫作"只要功夫深，铁杵磨成针"吗？

难道我们吃10年或20年也不行吗？

这时间远远不够。我们假设 3 人去用餐，排列的顺序就是 6 种，即 123，132，213，231，312，321。

再假设 4 人去用餐，排列的顺序需要计算一下。

第 1 个人坐着不动，后面的 3 个人就要变化 6 次，像 3 个人去用餐那样。那么，当 4 个人都轮流作为第 1 个坐着不动的人时，变化次数一共是 24 次。

用这种方法可以推算，5 个人去用餐，排列的顺序就有 24×5=120（种）。

6 个人去用餐，排列的顺序就有 120×6=720（种）……当算到 10 个人去用餐时，就会有 3628800 种排列顺序。

一年有 365 天，我们用排列顺序结果的数量除以 365，大约需要 9942 年。你们能等到那一天吗？

开脑洞

1，2，3，4 可以组成多少个不同的四位数？我们可以这样理解：

1 在千位：1234、1243、1324、1342、1423、1432 （6 个）

2 在千位：2134、2143 、2314、2341、2413、2431 （6 个）

3 在千位：3124、3142 、3214、3241、3412、3421 （6 个）

4 在千位：4123、4132、4213、4231、4312、4321 （6 个）

一共可以组成 4×6 = 24（个）数。即每个数字都可以在千位，分别对应 6 种情况。

还可以这样分析：千位上有 1，2，3，4，共 4 个选择，千位上选出一个数字，百位上还剩下 3 个数字可选，十位上还剩下 2 个数字可选，个位上还剩下 1 个数字可选。

所以，一共可组成 4×3×2×1=24（个）数。

生活中奇怪的算式

李老师是五年级一班的班主任，这个班不论是学习成绩还是各项比赛，在全校都是名列前茅。教室的墙壁上挂满了同学们获得的奖状和锦旗，五年级一班因此被评为"先进班"。

李老师把班里的每个学生都当成是自己的孩子，为他们取得的成绩感到骄傲，同时也为他们只顾学习，忽略生活的行为感到苦恼。

在李老师看来，学习固然是学生的首要任务，但学生不应该只有学习，还应该有更多的兴趣爱好。十几岁的孩子就应该伴随着下课铃声的响起而欢欣雀跃。

休息时间就应该在操场上追逐奔跑

放学路上就应该大声欢笑、高声歌唱！

为了让同学们重视生活，充分发掘生活中的小乐趣，李老师为同学们上了一堂别开生面的数学课！

看着同学们充满求知欲的眼神，李老师转过身，在黑板上写下算式：

$$7 + 7 = 2$$

$$4 + 4 = 1$$

$$4 - 1 = 5$$

老师，您写错了！

对于这三个算式，欢迎同学们畅所欲言。大家可以发表任何观点！

看着孩子们疑惑的表情，李老师微笑着说：

23

开脑洞

填空：

10（ ）+2（ ）=1（ ），

2（ ）+5（ ）=1（ ），

6（ ）+6（ ）=1（ ），

200（ ）+165（ ）=1（ ），

1（ ）+1（ ）=1（ ）。

对号入座：

10（个月）+2（个月）=1（年），2（天）+5（天）=1（星期），

6（个月）+6（个月）=1（年），200（天）+165（天）=1（年），

1（只）+1（只）=1（双），

生活中奇怪的算式十分有趣，你还能想到哪些呢？

门牌号码是多少

星期日，臧雅辉与好朋友刘明明约好10点一起出去玩。但她在星期六的晚上只顾着看电视，作业还没有写完。

她拿起电话，准备打给刘明明。

所以星期日一大早，臧雅辉便开始奋笔疾书，终于在10点之前完成了作业。

谁知，她竟然忘了刘明明的电话号码。臧雅辉只好向正在忙着做家务的妈妈求援。

妈妈，刘明明家的电话号码是多少啊？

哎，你这孩子真粗心，怎么连你好朋友家的电话号码都记不住呀！

我记得她家的电话号码是五位数。如果在这五位数的右面加上一个"7"，就得到一个六位数。

如果在这五位数的左边加上一个"7"，也会得到一个六位数；得到的第二个六位数正好是第一个六位数的5倍。

臧雅辉听后，开始认真地计算，很快，她拨通了刘明明家的电话。

刘明明，我们不是要一起出去玩吗？

是的，我的大小姐，你终于给我打电话了。

你不知道，我昨天晚上没有写作业，今天上午才把作业写完。

好吧，欢迎你来我家玩！

哈哈，你看看我，竟然忘了告诉你我家的地址。

那我要去哪里呀？我还不知道你家住在什么地方呢。

电话号码:
不妨设电话号码的五个数字依次是 *ABCDE*（字母表示各个数位上的数字）。
根据题意，得:

$$\begin{array}{r} ABCDE7 \\ \times\qquad 5 \\ \hline 7ABCDE \end{array}$$

由个位数相乘，得 $E = 5$。

由乘数与十位数相乘，得 $D = 8$。依次相乘，得 $C = 2$，$B = 4$，$A = 1$。
所以五位数的电话号码为 14285。

门牌号:
设这个两位数的门牌号码的十位上的数字为 x，个位上的数字为 y，根据题意，得:
$100x + y = 9（10x + y）$，
$10x = 8y$，$x/y = 4/5$。
所以，刘明明家的门牌号是 45。

开脑洞

一个杂技演员家的门牌号是一个四位数。一天，他在家门外做倒立，他家的门牌号成了另外一个四位数，而且比正着看时大了 4782。请问杂技演员家的门牌号是多少？

我们把能够倒过来看的几个数字列出来: 1，6，8，9，0。

两个数相差接近 4 的，只有 1 和 6，因此这个四位数的首位一定是 6，末位一定是 1，即这个数为 1× ×9，倒过来看就是 6× ×1。接下来就是一个简单的算式谜。由于数字只能在 1，6，8，9，0 中选取，很快就得出了答案。这个门牌号是 1899，倒过来看是 6681。

利用卡片巧猜姓

黎明实验小学六年级一班正在举行一次别具一格的娱乐班会，大家都要走上讲台，给同学们展示一个自己准备的节目。

有的同学唱了一首歌曲。

有的同学说了一段相声。

有的同学表演了一个魔术。

轮到鹏鹏上台表演了，他竟拿着两个纸板走上讲台。

我来给大家表演猜姓氏！

你都知道大家姓什么，还用猜吗？

喜欢插嘴的大刚取笑道：

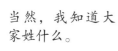

当然，我知道大家姓什么。

不过，利用我设计的两张表格来猜姓氏，不是靠记忆去猜，对于猜不熟悉的人，这个效果奇佳。今天我给大家表演一下。

好呀！

怎么猜？

看到我手中的卡片了吗？

我从百家姓中随意选了48个姓氏，分别按一定的顺序排在 8 个方格和 6 张卡片上。你随便挑一个姓氏，只要告诉我它在哪一个方格，第几张卡片上，我就知道你挑的是什么姓氏！

第1格	第2格	第3格	第4格	第5格	第6格	第7格	第8格
柏何周计和乐	水吕吴伏穆于	窦施郑成萧时	章张王戴尹傅	云孔冯谈姚皮	苏曹陈送邵卞	潘严褚茅湛齐	葛华卫庞汪康

第1张卡	第2张卡	第3张卡	第4张卡	第5张卡	第6张卡
柏 水 窦 章 云 苏 潘 葛	何 吕 施 张 孔 曹 严 华	周 吴 郑 王 冯 陈 褚 卫	计 伏 成 戴 谈 宋 茅 庞	和 穆 萧 尹 姚 邵 湛 汪	乐 于 时 傅 皮 卞 齐 康

继续找就可以发现一个规律：第 m 个方格的第 n 个姓，也就是第 n 张卡片上的第 m 个姓。

第 2 个方格和第 5 张卡片相同的姓氏只有一个：穆，也就是第 2 个方格的第 5 个姓，或第 5 张卡片的第 2 个姓——穆。

鹏鹏滔滔不绝地给大家介绍。

姓氏是按这样的规律排列的：先把 48 个姓分别排在 8 个方格中，每个方格中有 6 个姓，然后依次再把每个方格中的第 1 个姓排在第 1 张卡片上，把第 2 个姓排在第 2 张卡片上……把第 6 个姓排在第 6 张卡片上。

这样就得到了 6 张卡片，每张卡片上有 8 个姓氏。因此，只要指出一个方格和一张卡片，就可以找出唯一对应的姓氏。

开脑洞

空格中是什么图形？

在数学兴趣小组上，小刚对大家说："大家都爱做游戏，我来给大家出一道题。"说着，就把自己提前准备好的图拿出来给大家看，继续说："这里只有三角形、正方形和圆三种图形。先找出它们变化的规律，想一想在空格中是什么图形？"

解答本题不妨这样考虑：因为第二列和第三列的图形都是由第一列的图形按顺时针方向分别旋转 90° 和 180° 后形成的。所以空格里应该是"▱"。

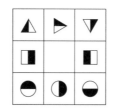

寻找珠宝箱

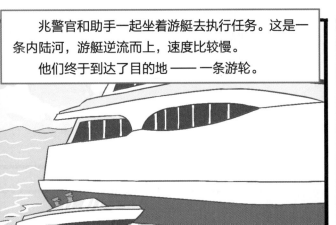

兆警官和助手一起坐着游艇去执行任务。这是一条内陆河，游艇逆流而上，速度比较慢。

他们终于到达了目的地 —— 一条游轮。

警官先生，这位王阿姨的珠宝箱丢了，你们能不能帮忙找找？

船长来到他们前面，说：

王阿姨，您的珠宝箱都有谁知道呀？

我与珠宝箱几乎形影不离。大约在9点的时候，我和一个姓姜的太太在聊天。

9点零5分，一位服务员到房间里擦地，我和姜太太一起到甲板上聊天。

因为甲板上有风。我在9点10分返回房间取衣服，看见服务员正在挪动我的东西，我还说了她几句，主人不在的时候，不要随便挪动东西。

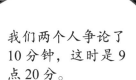

我们两个人争论了10分钟，这时是9点20分。

9点25分时，姜太太又来到我的房间，叫我到甲板上聊天。我因为心情不好，所以就没去。

还有要补充的吗？

在 9 点 30 分服务员离开后，我打开行李一看。珠宝箱就不见了！于是我急忙找来船长。

兆警官一边听一边点头，助理一边做着记录一边问道：

珠宝箱是什么颜色的？

是一个红色的木盒。

如果王阿姨说得是事实，那么嫌疑人就是姜太太和服务员了。这两个人要么是同伙，

要么是其中一个人单独作案。不过听起来，她们好像不是同伙。

正在这时，一个船员向船长报告：

在船尾可以隐约地看到一个红色的木盒。

我们应该返回，去打捞木盒！

那是我的珠宝箱。

兆警官和助手站到船尾，真的看到了一个木盒在随着波浪起伏。

当他们追上了顺流而下的木盒时，时间已经是11点45分了。船员们急忙把它打捞上来。

兆警官看看手表，此时的时间是10点30分。

返航！

里面值钱的钻石不见了。

我算一下，珠宝箱是9点15分被扔下去的。在这段时间内，王阿姨正在和服务员争论。

服务员不可能作案，那肯定是姜太太！

姜太太面带羞愧，从口袋里拿出了 8 颗钻石，双手递还给了王阿姨。

兆警官是怎么得出姜太太扔珠宝箱的时间的？

设水速为 u，船在静水中的速度为 v，则船在顺流时的速度为 $u+v$，在逆流时的速度为 $v-u$。

设扔下珠宝箱的时间为 t。根据速度 $=\dfrac{路程}{时间}$，用符号表示为 $v=\dfrac{s}{t}$，路程 $s=vt$，时间 $t=\dfrac{s}{v}$。

可以列出算式：

$(v-u)(10:30-t)+(11:45-t)u=(u+v)\times(11:45-10:30)$。

通过解这个方程，得 $t=9:15$，也就是 9 点 15 分。

开脑洞

流水行船问题又叫流水问题，船在江河里航行时，除了本身的前进速度外，还会遇到顺流和逆流的情况。关系式如下：

顺流速度 = 船速 + 水流速度；逆流速度 = 船速 - 水流速度。

船速 =（顺流速度 + 逆流速度）÷ 2；水流速度 =（顺流速度 - 逆流速度）÷ 2。

一艘轮船从甲地开往乙地，顺水而行，每小时行驶 28 千米，到乙地后，又逆水航行回到甲地。逆水航行比顺水航行多 2 小时，已知水速为 4 千米 / 时。求甲乙两地相距多少千米？

解：静水中的船速为 28 - 4 = 24（千米 / 时）；逆流时的船速为 24 - 4 = 20（千米 / 时）。

设甲乙两地相距 x 千米。

$$x \div 20 - x \div 28 = 2$$

解得 $x = 140$

答：甲乙两地相距 1400 千米。

速查次品

张一弓所在的学校是驼峰学校，在新学期，学校计划让学生进入工厂进行实地锻炼，以此来开阔学生视野，增强学生的动手能力，培养学生吃苦耐劳的精神。

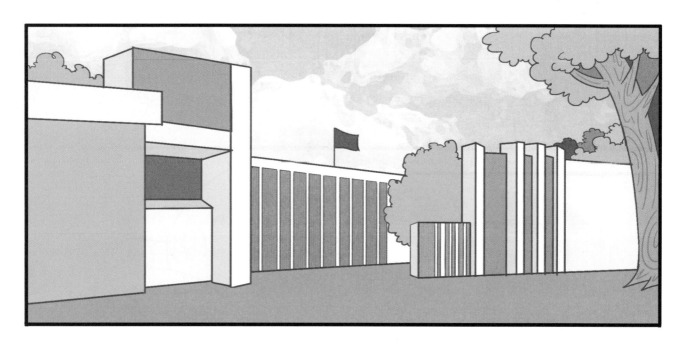

一天，张一弓所在的数学活动小组到一家机械厂进行社会调查。一进到工厂，数学老师提前安排了大家要去的车间。当同学们正朝着车间走去时，机械厂里出现了一个特殊的情况：有一箱次品零件，被工人不小心搬上了合格成品车，差点儿就运出了工厂。

厂长发现张一弓站在那里。之前张一弓经常来机械厂，厂长跟他很熟，知道这个孩子善于动脑分析问题，便想听一下他的意见。

张一弓同学，你有没有办法快速找出次品零件呀？

厂长，我想到了一个办法。找一架天平，只需要称一次，就能把这箱次品找出来。

好孩子，你快说。我马上让人找一架天平。

张一弓给厂长讲了自己想到的办法。

先把10箱的机器零件从1到10编上号，并排摆好，不要弄乱。

然后从第1箱中取1件，第2箱中取2件，第3箱中取3件……

第10箱中取10件，总共取出55件。

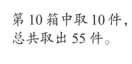

如果这55件全是正品，它们的质量之和应为5500克。因此，若结果比5500克少10克，就说明55件零件中，只有1件是次品，则第1箱就是次品。若比5500克少了20克，则说明有2件次品，则第2箱就是次品。

若比5500克少30克，则说明第3箱是次品……以此类推，就可以区分出，哪一箱是次品了。

经过实际操作，张一弓这个方法十分有效，快速地找出了次品箱。厂长高兴地夸奖道：

好聪明！好好努力，未来可期！

开脑洞

有 6 个形状相同的小零件，其中有一个是次品，它的质量比其他的要轻一些，怎样才能快速地找出这个次品零件呢？

因为是形状相同的小零件，根据外表无法区分，只好借助于天平来解决。

可以分成两个步骤。

第一步：把 6 个小零件分成 2 组，每组 3 个，分别放到天平上，当天平平衡后，哪边翘起，次品就在哪边。

第二步：再把翘起一组的 3 个零件拿出 2 个，分别放到天平上，最后的结果可能出现两种情况，第一种情况：哪边翘起，哪个就是次品。

第二种情况：天平平衡，这说明这 2 个零件不是次品，没有放到天平上的那个是次品。

想一想，如果有 7 个、8 个、9 个、10 个小零件，其中有一个是次品，又应该怎么解决呢？

篮子里的鸡蛋有多少

姜飞大叔骑着摩托车急速行驶，在经过一个拐角时，由于速度太快，正好碰倒了一位提着篮子的大娘，只听"啪"的一声，篮子摔在了地上，里面的鸡蛋也摔碎了。

大娘，您没伤着吧？

我没受伤。

可我的一篮子鸡蛋被摔碎了。我可是急等着卖了鸡蛋买米的呀！这可怎么办呢？

姜飞大叔急忙停下车。

大娘，人没受伤就好。

这样吧，你篮子里有多少个鸡蛋，我赔你。

准确的数我也记不清了。

我只记得，每次要出来卖鸡蛋时，我就把鸡蛋从一个篮子里倒腾到这个篮子里。

我分别按2个一次、3个一次、4个一次、5个一次或6个一次拿出时，篮子里总是剩下1个鸡蛋。

当我按7个一次往外拿时，正好拿完，篮子里一个鸡蛋也不剩。

这怎么能算出来呢？

旁边的人感到困惑不解。

是啊，应该准确地计算出来。大娘不吃亏，姜飞大叔也不多花钱。

只见姜飞大叔不断地思索，又在地上飞速地计算，过了一会儿，他眼前一亮。

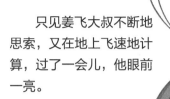

篮子里一共有301个鸡蛋，也可能是721个鸡蛋。

但你的篮子，一看就装不下721个鸡蛋，所以，一定是301个鸡蛋。

哦，应该就是这些鸡蛋吧。

姜飞大叔，你是怎么计算出来的呢？

我的计算是有根据的，不是随便地说出一个数。

姜飞大叔按照市场价格付了301个鸡蛋的钱。大娘拿着钱满意地走了。看热闹的人中有个喜欢数学的人问道：

大娘说她的鸡蛋按2个一次、3个一次、4个一次、5个一次或者6个一次拿出时，最后总是剩下1个鸡蛋。

她的鸡蛋应该是2～6这5个数字的公倍数加1，即60加1，是61。61被这几个数除都余1。

但61除以7却不能整除，说明61个鸡蛋按每次7个往外拿，还有剩余。所以大娘的篮子里不是61个鸡蛋。

接着再计算，2～6这5个数字的最小公倍数60的倍数再加1，所得的数被这5个数字除也余1，同时这个数也能被7整除。

44

60 的 2 倍加 1 是 60×2+1=121，这样算下去，一直到 60×5+1=301。

301 被 2，3，4，5，6 除都余 1，被 7 除正好没有余数。

在场的人纷纷称赞姜飞大叔。

姜飞大叔，你的数学好棒！

没错，所以你就断定老奶奶的篮子里有 301 个鸡蛋。用同样的方法计算出另一个数是 721。

721 被 2，3，4，5，6 这 5 个数字除都余 1，能被 7 整除。可老奶奶的篮子装不下 721 个鸡蛋。

问问题的人稍加思索，接着姜飞大叔的话说了下去。

开脑洞

　　水果店用筐装苹果，如果每筐装 50 个苹果还缺 1 只筐；如果每筐装 55 个苹果，又会空一只筐。请问水果店里有多少只筐和多少个苹果？

　　本题有两种方法。

算术法：

筐的数量：（55+50）÷（55 − 50）=21（只），

苹果的数量：50×（21+1）=1100（个）或 55×（21 − 1）=1100（个）。

答：水果店里有 21 只筐和 1100 个苹果。

方程法：

解：设有 x 只筐。

根据题意可列方程：$50×（x+1）=55×（x − 1）$

$50x+50=55x − 55$

$5x=105$

$x=21$

$50×（21+1）=1100（个）$ 或 $55×（21 − 1）=1100（个）$

答：水果店里有 21 只筐和 1100 个苹果。

巧称假手镯与猜珠子

兆一乐的爸爸去北京出差了。兆一乐十分期待爸爸回来，因为爸爸一定会给她和妈妈买礼物的。

半个月后，爸爸终于回来了。果不其然，爸爸给妈妈买了一只玉镯子，给兆一乐买了一部学习机！

晚上，妈妈做了一桌美味佳肴为爸爸接风。饭桌上，爸爸给兆一乐讲了在北京遇到的趣事，把兆一乐逗得哈哈大笑！

给你妈妈买的这个玉镯子，可是经过考验才买到的！

兆一乐一听，来了兴趣，缠着爸爸讲事情的经过。

我去买手镯的时候，老板有意考我，拿出9只相同的手镯，其中有1只相对较重。

较重的那1只是假手镯。不过用手是无法测量出来的。

他又拿出一架没有砝码的天平，只限称2次。爸爸三下五除二，就把假手镯挑出来了。你猜猜爸爸是怎么做到的？

想不到，买手镯还这么有趣。兆一乐思考了一会儿，便说道：

取其中的两份放在天平上，天平若平衡，则没有假的；如果天平不平衡，较重的一份有1只手镯是假的。

这个嘛，没有那么难。把9只手镯分成3份，每份3只。

在有假手镯的那份里，从3只中拿出2只称，若天平平衡，则剩下的1只是假的；若不平衡，则较重的1只是假的。

妈妈夸赞道：

说得不错。我们乐乐长大了，知识掌握得牢固，又善于思考，对于这样的问题竟然能分析得头头是道。

还是我的女儿最棒。

那是当然，有其父必有其女嘛！哈哈！

爸爸又转了一个话题。

哈哈，别高兴得太早，我这还有一道难题等着你呢。

我在北京出差的时候，遇到一个同事，他给我讲了一道智力题。

我觉得很有趣，就给你记下来了！

好呀！说给我听听！

你听好，这道智力题是这样的。

有一串彩珠是按照"二绿、三粉、四黄"的顺序穿起来的。

那第33颗珠子是什么颜色呢？它是相同颜色珠子的第几颗？

兆一乐眨了几下眼睛，大声说道：

爸爸，我知道了！

开脑洞

你们知道兆一乐是怎么解答的吗？

可以这样理解："二绿、三粉、四黄"共9颗，那么就以9颗为一组，一组一组地排列下去。判断这串珠子中第几颗是什么颜色，就用这个数除以9。如果余数是1或2，则珠子就是绿色；如果余数是3，4，5，则珠子就是粉色的；如果余数是6，7，8或没有余数，则珠子就是黄色的。因为33÷9 = 3……6，所以第33颗珠子是黄色的。商是3，说明按"二绿、三粉、四黄"为一组的排法，这颗黄色珠子前面有3组，每组中都有4颗黄色的珠子，即3×4 = 12（颗），而这颗珠子是第四组中的第6颗，是这组中的第1颗黄珠子，所以第33颗珠子是同一颜色的第13颗。

数学大爆炸

6

疯狂玩数学

于启斋 著

蓝色小象 绘

电子工业出版社

Publishing House of Electronics Industry

北京·BEIJING

图书在版编目（CIP）数据

数学大爆炸.⑥,疯狂玩数学 / 于启斋著；蓝色小

象绘. -- 北京：电子工业出版社, 2024. 9. -- ISBN

978-7-121-48897-9

Ⅰ. O1-49

中国国家版本馆CIP数据核字第2024DH4014号

责任编辑：王佳宇

印　　刷：北京启航东方印刷有限公司

装　　订：北京启航东方印刷有限公司

出版发行：电子工业出版社

　　　　　北京市海淀区万寿路173信箱　邮编：100036

开　　本：880×1230　1/16　印张：19.5　字数：234千字

版　　次：2024年 9 月第1版

印　　次：2024年 9 月第1次印刷

定　　价：158.00元（全6册）

凡所购买电子工业出版社图书有缺损问题，请向购买书店调换。若书店
售缺，请与本社发行部联系，联系及邮购电话：（010）88254888，88258888。

质量投诉请发邮件至zlts@phei.com.cn，盗版侵权举报请发邮件至dbqq@
phei.com.cn。

本书咨询联系方式：电话（010）88254147；邮箱wangjy@phei.com.cn。

目录
Contents

鸡兔同笼

磊磊和冬冬在一起玩耍，磊磊神秘地说道：

听说你的数学很棒，我给你出一道特别好玩的数学题，你来算一算，怎么样？

哪种数学题？你这表情怎么还神秘兮兮的。

是《孙子算经》中的一道题。

我没听说过《孙子算经》啊，你可真厉害。

我也是听数学老师介绍的。

《孙子算经》是我国古代重要的数学著作。

成书于四五世纪。

原来如此，古人真是了不起啊。你说一下题目，看我能不能算出来。

好，我先把原来的古文用现代的语言翻译一下。

其实就是"鸡兔同笼"的问题。有若干只鸡和兔在同一个笼子里，从上面数，有35个头，从下面数，有94只脚。问笼子里各有多少只鸡？多少只兔？

果然与众不同，我仔细思考一下。

于是，冬冬开始认真地分析。

假设笼子里全是兔，那么就有4×35=140（只）脚，这比实际多出140-94=46（只）脚。说明没有那么多只兔。用鸡替换兔，每换一只就等于放进2只脚拿出4只脚，即脚数减少了2只。

这样一共调换46÷2=23（只），这样笼子里脚的总数恰好是94只。所以，笼子里应该有鸡23只。综合算式如下：

假设笼子里全是兔，

则笼子里共有 4×35=140（只）脚，比总数多 140-94=46（只），

一只兔比一只鸡多的脚数：4-2=2（只），

鸡的只数：46÷2=23（只），

兔的只数：35-23=12（只）。

同理，假设笼子里全是鸡，

则笼子里有 2×35=70（只）脚，比总数少 94-70=24（只），

一只兔比一只鸡多的脚数：4-2=2（只），

兔的只数：24÷2=12（只），

鸡的只数：35-12=23（只）。

太棒了！

冬冬想了解一下磊磊的解题方法。

那你再说说你是怎么解出这道题的。

我的解题方法是这样的，用脚数的一半减去头数得到兔的数量，头数减去兔的数量就是鸡的数量。
即 94÷2-35=47-35=12，
35-12=23。

脚数除以 2，就是每只鸡算一只脚，每只兔算 2 只脚。这样，脚数比头数多的数量就是兔的数量。

开脑洞

"鸡兔同笼"还有很多种计算方法。

用一元一次方程解答。

方法一：解：设兔有x只，则鸡有（35-x）只。列方程：$4x+2(35-x)=94$，

整理得，$4x+70-2x=94$，解得$x=12$，

则鸡的数量为35-12=23（只），

答：兔有12只，鸡有23只。

方法二：解：设鸡有x只，则兔有（35-x）只。列方程：$2x+4(35-x)=94$，

整理得，$2x+140-4x=94$，解得$x=23$，

则兔的数量为35-23=12（只），

答：兔有12只，鸡有23只。

用二元一次方程组解答。

解：设鸡有x只，兔有y只。根据题意列方程 $\begin{cases} x+y=35 & ① \\ 2x+4y=94 & ② \end{cases}$

①×4-②，解得$x=23$，代入①，解得$y=12$。

答：兔有12只，鸡有23只。

虎和牛巧渡河

乐乐很喜欢民间故事，常常被民间故事的趣味内容吸引。他经常阅读民间故事书以充实自己的头脑。

一次班级活动课上，数学老师要求大家每个人都提出一个数学游戏，形式不限。当轮到乐乐时，他对大家说：

我看了一个民间故事，其中有一个数学游戏题很有趣，大家要不要一起玩？

到底是什么数学题？为什么要卖关子呀？

班级里的调皮大王辉辉笑嘻嘻地说：

是啊，你快点儿介绍一下吧。

过了一会儿，辉辉说：

我知道了！

你可以给大家讲一讲。

辉辉清了清嗓子，自信地说出答案。

第一次：1牛1虎过河，1牛返回。

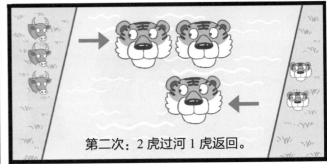

第二次：2虎过河1虎返回。

第三次：2牛过河，1牛1虎返回。

第四次：2牛过河，1虎返回。

第五次：2虎过河，1虎返回。

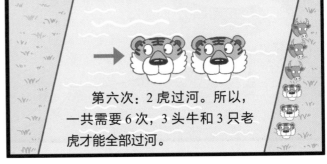

第六次：2虎过河。所以，一共需要6次，3头牛和3只老虎才能全部过河。

完全正确！

教室里响起了热烈的掌声。

开脑洞

一个猎人带着一只羊、一只狼和一棵白菜过河。狼不吃猎人而吃羊；单独把狼和羊放到一起，狼就会吃羊；单独把羊和白菜放到一起，羊就会吃白菜。河边有一条小船，每一次只能载猎人和另一样东西过河。请你开动脑筋，既不让狼吃羊，又不让羊吃白菜，猎人应该怎样安排过河顺序呢？一共需要往返几次呢？

首先，猎人可以带着羊过河，留下狼和白菜。其次，猎人回来，将羊留下。最后，猎人再带着白菜过河，把白菜放在对岸，再把羊带回来。

  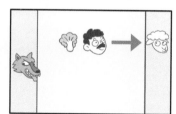

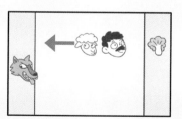  

回来后，把羊放到岸上，再把狼带到河对岸。这样，狼和白菜都渡过河了。猎人再带羊过河。这样，猎人需要往返共 7 次，便可巧妙地渡过河。

我是"数字侦探"

梁一良和小伙伴们玩游戏，他对小伙伴们大声说道：

我就是"数字侦探"，难道大家没有听说过我的大名吗？今天，我就让大家见识见识！

好，让我们见识见识吧！

小伙伴们迫不及待地想看看梁一良到底有多大本领。

大家写好一个三位数以内的自然数，即自然数是一位数、两位数或三位数都行。请把你想的数和我的侦探数667相乘，把得到的结果的尾数告诉我。

但要注意，写一位数的告诉我后一位，写两位数的告诉我后两位，写三位数的告诉我后三位。大家清楚了吗？

我的尾数是 445！

你写的数是 335。

一问一答，行云流水。真是太神奇了！小伙伴们心想：梁一良果真是"数字侦探"，这里有什么诀窍吗？

其实我的秘密武器很简单，就是 667×3=2001，任何三位以内的数与 2001 相乘，积的尾数必定是原数。

要求你们用所写的数与 667 相乘，只要将你们告知的尾数再乘以 3，积的最后的一位数、两位数、三位数必定都是原数了。

如尾数是 8，8×3=24。
由此可知所想的数是 4，
即 667×4=2668；
如尾数是 73，73×3=219，
由此可知所想的数是 19，
即 667×19=12673。

如尾数是 445，445×3=1335。
由此可知所想的数是
335，即 667×335=
223445。

开脑洞

王彦对观众说："大家写好任意一个多位数，请你把各个数位上的数字加起来。再将你写的这个数减去各个数位上的数字之和。在所得的差中，你随便隐瞒一个数字并把余下的数字告诉我。我就会猜到你所隐瞒的数字。"

平平写的数是 467923，她按照要求开始计算：4+6+7+9+2+3=31，

467923 − 31=467892。她把数字 8 隐瞒了，就说："我余下的数字是 4，6，7，9，2。"

"你隐瞒了一个数字 8。"王彦略加思考后语气十分肯定地说。

平平感到惊讶，猜不透其中的道理。

其实方法很简单，任何一个多位数，减去它自身数位上的数字之和，所得的差必定是 9 的倍数。于是，王彦只要把对方报出的数字加起来，看所得的和与 9 的倍数相差几，差就是被隐瞒的数字。

百分之百的准确率

夏夏对好朋友庞庞说：

我发现了一种计算两个人年龄的方法，十分神奇，有百分之百的准确率。

赶紧说来听听！

好的。现在你按照我的要求用笔在纸上进行计算，我不看。

你只要告诉我最后的计算结果，我就会立刻知道任意两个人的年龄。

庞庞十分感兴趣，便催促道：

我爸爸今年40岁，妈妈今年38岁。

就让他给我爸爸和妈妈算一下年龄吧。

那你就来猜猜我爸爸和妈妈的年龄吧。

在得到的数的基础上再加上你妈妈的年龄，请将最后的结果告诉我。

庞庞加了妈妈的年龄 38 后，对夏夏说：

最后的计算结果是 3923。

庞庞十分惊讶，急忙问道：

哈哈！你爸爸今年是 40 岁，你妈妈今年是 38 岁。

回答正确！你用的是什么诀窍呀？如此神奇！

暂时不能告诉你。你自己猜一猜！

夏夏故意留了一个悬念。

庞庞绞尽脑汁也没想出解决这个问题的秘诀，只能再次向夏夏请教。

这样，4038 的前两位数和后两位数分别是想要知道的两个人的年龄。

只要将对方所说的结果加上一个秘密数 115 就可以。即 3923+115 = 4038。

为什么要加115呢?

要不这样吧,我们可以证明一下。只是比较麻烦,不过,不会证明也无所谓,只要学会运用就可以。

夏夏一步一步地给庞庞解释。

设你爸爸今年的年龄为 x 岁,你妈妈今年的年龄为 y 岁,则:
$(2x+5) \times 100 \div 2 - 365 + y$
$= 100x + y - 115$

如果再加上 115,结果就是 $100x + y$。也就是你爸爸的年龄扩大 100 倍再加上你妈妈的年龄,即结果的前两位数是你爸爸的年龄,后两位数是你妈妈的年龄。所以,只要在对方所说的结果上加上 115 就可以。即 3925 +115 = 4038。前两位数"40"就是你爸爸的年龄,后两位数"38"就是你妈妈的年龄。

开脑洞

一天,甜甜对同学们说:"大家任意抽出一张牌,将这张牌的点数乘以 2,再加上 3,得出的数再乘以 5,最后减去 25。最后告诉我答案,我就会猜出你抽到的牌的点数。"

同学欢欢迅速地从甜甜的手里抽出了一张牌,按照甜甜的要求计算后说道:"按照你的要求,我的计算结果是 70。"

甜甜竟脱口而出:"你抽的那张牌是 8。"

甜甜是怎么计算的呢?

设欢欢抽到的牌的点数为 x,则可列方程:

$5(2x + 3) - 25=70$,解得,$10x + 15 - 25=70$,$10x=80$,$x=8$。

为了表现表演者非凡的能力,也可以采用"答数去 0 加 1",这样就可以快速地给出答案。

未卜先知

王一新和杜一鸣是同班同学。一天，王一新对杜一鸣说：

这几天我发现我有未卜先知的能力。

哈哈，谁信啊！

杜一鸣不以为然。

你不信？我来现场演示一下。

你想一个数，然后按我的要求进行运算。不过我现在就可以告诉你，你最后的计算结果是4。

真的假的？

虽然杜一鸣心里怀疑，但他还是按照王一新说的去做，想好了一个数，然后等待王一新的下一步指示。

把你想的数乘以2，再加上8，然后乘以3，再除以6，最后减去你所想的那个数。

你的计算结果是4，对吧？

杜一鸣按照王一新的要求，迅速地计算。

结果真的是4！

是巧合吧，我重新再想一个数。

杜一鸣连续换了3个数，最后的结果竟然都是4。

19

看着杜一鸣不可置信的表情，王一新得意扬扬地说道：

服了吧？

服了，而且佩服得五体投地。

你是怎么做到的？

其实，这里面是有技巧的。我们设所想的数是 X。

那么按要求进行计算，所得结果应该是：
$$(2X+8)\times 3\div 6-X$$
$$=(6X+24)\div 6-X$$
$$=X+4-X$$
$$=4。$$

也就是说，不论你想的是什么数，结果一定是4。

开脑洞

欣欣对力力说："你想一个数，将你想的数加上5，乘以2，减去6，除以2，最后，还要减去你想的那个数。你不用告诉我答案，我准能猜到。"

力力半信半疑，于是想了一个数7。他开始计算，

$(7+5)\times 2=24$，$24-6=18$，$18\div 2=9$，$9-7=2$。

"我算完了。我得的数是几呀？"力力问道。

"是2。"欣欣脱口而出。

其实，想弄明白欣欣的秘密一点儿也不难。

设力力想的数是a，按欣欣的要求列一个综合算式：

$[2(a+5)-6]\div 2-a=[2a+10-6]\div 2-a=a+2-a=2$。

因为答案是固定不变的数，所以大家玩这个游戏时，最好只玩一次，免得被别人发现秘密！

猜出你想的数字

班级活动课上，同学们热火朝天地进行着游戏比赛。大家都把自己的绝招拿了出来，想向小伙伴们一展风采。

轮到奇奇了，只见他缓慢地走到讲台上，向大家鞠了一躬。

我会一点读心术，我能猜透别人心里想的是什么数。

哈哈，真厉害。

其实方法很简单。设奇奇想的数是 X，最终结果是 Y。则 $Y=[（X+3）×3+3]×3+X=10X+36$。也可以写成 $Y=10（X+3）+6$。

可以看出个位数一定是 6，而去掉个位数剩下的十位数必定是 $X+3$。

把答案的个位数去掉，剩下的数减 3，就得到原来想的数 X 了。

如结果是 76，去掉个位数"6"，7 减 3 得 4。如结果是 186，去掉个位数"6"，18 减 3 得 15。

实际上，这里运用了"障眼法"。用几个数字的加与乘，把参与游戏的人的思维弄乱，增加了神秘感。

其实，只要去掉结果中个位上的数字，用剩下的数减去 3，所得的差就是所想的数。

开脑洞

一天，班级里的"小魔术师"和同学们玩了一个猜硬币数和家中人口数的游戏。

"把硬币数乘以 2，再加 5，""小魔术师"和眼前的同学说，"再把得数乘以 5，加上你家的人口数。"

假设眼前的同学有 15 枚硬币，家中人口数是 5，他按照"小魔术师"的要求去计算：

$（15×2+5）×5+5=180$。

"小魔术师"略一思考，说："你有 15 枚硬币，家里有 5 口人。"

"哇！完全正确！"

设硬币数是 a，家中人口数是 b，则可列方程：$（2×a+5）×5+b=10a+b+25$，只要把对方告诉的结果减去 25，余下的数即 $10a+b$。b 是个位上的数字，便是家中人口数；$10a$，十位以前（含十位）的数就是硬币数。如结果是 180，即 $180-25=155$。15（a）是硬币数，5（b）是家中人口数。

有趣的聚会

周末，龙龙约了几个朋友来家里玩。一大早，朋友们都到了，龙龙的家很宽敞，大家说笑聊天，十分开心。

他们围在桌子周围，谈天说地，气氛十分热烈。

我们玩个猜生日的游戏怎么样？

这时，磊磊做了一个安静的手势，想让大家安静下来。

就猜一猜我们今天的主人龙龙的出生年月吧。

哈哈，你这么厉害？那就开始吧。

只要你按照我说的计算，我就会猜到你的出生年月。

把你出生年份的后两位数字乘以5，再加3；然后再把得数扩大20倍。

然后再加上出生的月份，并把得到的结果减去60。最后，把答案告诉我。

龙龙进行了一番计算，严肃而认真。

你怎么这么认真？

不是怕算错嘛，要知道，计算出了差错，即使磊磊有真本事，也猜不出我的出生年月了。

我再检查一遍。我的计算结果是1205。

28

原来，磊磊顺水推舟，直接通过龙龙的计算结果得出了答案。

前面的两个数字 12 正是出生年份的后两位数字，后面的两位数字是月份。

开脑洞

对于上面的计算方法，我们可以换一种形式进行验证。

设出生年份的后两位数字为 x，出生月份为 y。则根据上面的通式可得：

$(x \times 5+3) \times 20+y - 60$

进行计算：

$(x \times 5+3) \times 20+y - 60$

$= (5x+3) \times 20+y - 60$

$=100x+60+y - 60$

$=100x+y$。

可以这样理解，$100x$ 中 x 为出生年份的后两位数字，y 为出生月份。

龙龙的计算结果为 1205。$100x + y = 1205$，可以直接说出他的出生年份和月份。

也可以验证一下，$100 \times 12 + 5 = 1205$。

神机妙算

一天，艳艳到表姐家玩。艳艳知道，表姐有好多好故事，便缠着表姐给她讲故事。

别摇了，把我摇晕了就没人陪你玩游戏，给你讲故事了！

我知道的故事差不多都给你讲完了，这次我们换个新鲜的，一起做个数学游戏怎么样？

好！好！表姐快说，玩什么游戏呀？

咱们玩一个数学游戏——我会神机妙算。你先在心里想一个数字，然后按我的要求进行一系列的运算。

你不用说，我就能猜到你计算的结果是多少。怎么样，是不是很有趣？

真的吗？想一个什么样的数好呢？干脆就是15吧。

把你想好的数加上76，再减去40，算出的结果记在心里，别说出来。

51。

再减去你所想的数，所得的结果乘以5，再除以2，看看最后的结果是多少。

艳艳飞快地在心里计算着。谁知表姐比她还快一步，她刚计算出结果，表姐就抢先问道：

结果是90吗？

艳艳开始思考游戏的诀窍，她以15为例，写下计算步骤：

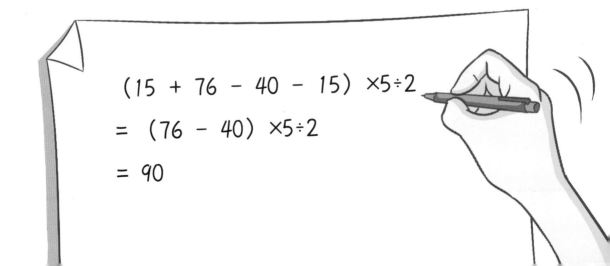

$$(15 + 76 - 40 - 15) \times 5 \div 2$$
$$= (76 - 40) \times 5 \div 2$$
$$= 90$$

接着，她又以5，6，7为例，进行了计算。

无论我想的是什么数，都是在对（76 - 40）×5÷2进行计算，因为原来想的数又被减去了。难怪答案都是90！

表妹越来越聪明了！

开脑洞

"现在，我让4位观众猜数字。"小魔术师奇奇对面前的几位朋友说，"谦谦先写好一个三位数，再重复这3个数字，变成一个六位数。"

谦谦在纸上写的三位数是394，再重复一次，就写成了394394。

奇奇继续指挥道："谦谦，你把写的数传给钱钱，钱钱把这个六位数除以7，得数写在纸上。再传给第3个人礼礼，礼礼把这个得数除以11，把得数写在纸上，交给朋朋，朋朋再把这个得数除以13，把得数写在纸上，折起来交给我。"

过了一会儿，朋朋就把答案交给了奇奇。奇奇连看都没看，交给第1个写数的谦谦，说："我不用看就知道了，上面的答案就是你最开始写的三位数。"

谦谦打开一看，"真的是我一开始写的数字。"

各位读者开动脑筋思考一下，想明白这是怎么回事了吗？

谦谦写的三位数是394，再重复一次写成六位数，相当于把原来的三位数扩大了1001倍。而1001正好是7×11×13的乘积。所以这个六位数连续除以7，11和13后，肯定和原来的三位数一样。如394394÷7÷11÷13=394。

你的答案是 254

先玩一个有趣的数学小游戏吧。

请你先想好一个数，然后做一些加减乘除运算，我来给出答案，说出最后的结果，我肯定能说对。

好吧！让我们看看你的精彩表演！

行，我想好了。

田田向周围的同学点了点头，把想好的数悄悄地告诉了周围的同学。

将你想好的这个数加上18，再加上136，减去27，减去你所想的数字，所得数再乘以6，除以3。

表演开始了，磊磊微笑着请田田计算。

田田与周围的同学急忙拿出笔和纸，开始计算。

还没等田田算完，磊磊就笑着说道：

答案是 254。

再来一次吧！

大家还在进行笔算，磊磊就说出了答案。同学们目瞪口呆。飞飞同学提议道：

那就再来一次！

其他同学也认为应该再来一次。大家都怀疑，磊磊是瞎猫碰上死耗子，蒙对的。

这次就能把磊磊难住了，他既看不到我的计算，也不可能偷听到我和同学的对话。

刚刚，磊磊肯定是蒙对的。要不怎么能算得那么快呀？

这次，飞飞写了一个数，不让任何人看，自己按照刚刚的运算过程，默默地心算。

这一次还是一样。飞飞刚计算出结果，磊磊就说出了答案。同学们又是惊叹，又是迷惑，磊磊是怎么做到的啊？

其实，这里也没有什么秘密。设飞飞想的数是 x，则可以写出一个算式：
$[(x+18+136-27-x)\times6]\div3=254$。

现在看来，原来写的数即 x，与计算结果根本就没有关系，答案是个确定的数。

磊磊给大家解释一番后，大家便明白了其中的诀窍。

开脑洞

我能猜到最终的结果

小魔术师信誓旦旦地对观众说："你想一个数，我能猜到最终的结果。"

"请你把所想的数乘以 2，再加 5，然后再乘以 9。把得数的各个数位上的数字加起来。假如加起来的这个数是两位以上的数，你再把这个数的各个数位上的数字加起来……直到加起来后的这个数是一位数为止。算好了吗？好，将结果再加 1。我已经猜出来了，你算出来的这个得数是 10。"小魔术师说。

"哈哈，完全正确！"一位观众十分信服地说。

各位读者知道这里的小秘密了吗？

实际上，观众想的那个数，与乘以 2 再加 5 没有关系。小魔术师只是利用了 9 的倍数性质。一个数乘以 9 所得的数，其各个数位上的数之和必然能被 9 整除。其各个数位上的数之和是两位以上的数时，都能被 9 整除。各个数位的数之和是一位数时，就必然是 9 了，9 加 1 等于 10。

猜出你的考试分数

快放暑假了，同学们既期盼又害怕。期盼的是暑假终于可以尽情地玩耍了，不用早起上课，不用每天写作业，可以去游泳，可以去爬山……

而害怕的是期末考试也要来了。考出好成绩能过一个快乐轻松的暑假，考得不好，妈妈的唠叨、爸爸的监督随之而来。一个暑假就只能与学习为伍，进行学习"改造"了。

东东就是平时不努力，临时抱佛脚的典型。为了有一个快乐轻松的暑假，在考试前半个月，他开始认真复习功课，希望考出好成绩。

时间一天天地过去，东东每天都在奋战，只为取得一个好成绩。

期末考试如期而至。

终于考完了，妈妈每天都问他：

考得怎么样？成绩什么时候出来？

考好了暑假就去海边玩，考不好暑假就在家继续复习功课。

爸爸也不停地暗示道：

离公布成绩还有三天，东东等不及了，跑到班主任魏老师那儿问自己的成绩。

要怎么算？

你这阵子学习挺努力的，要继续保持哦。至于具体成绩嘛，请你自己算一算。

东东知道，这次的成绩应该还不错。他心里的一块石头终于落地了，心情十分轻松。

你的语文、数学、英语三科的平均成绩是94分，其中，语文、数学两科的平均成绩为94分。

英语与数学两科的平均成绩是96分。现在，你知道你各科成绩是多少吗？

魏老师，我知道自己的分数了。我回家告诉爸爸妈妈。

东东想了一会儿，顿时恍然大悟，高兴地说：

各位读者知道东东是怎么计算的吗？

语文、数学、英语三科的总成绩为
94×3 = 282（分），
语文和数学两科的总成绩为94×2 = 188(分)，
英语和数学两科的总成绩为96×2 = 192(分)。

所以，用三科总成绩减去其中两科的成绩，就得到另一门学科的成绩了。

即英语的分数是
282 - 188 = 94（分）；
语文的分数是
282 - 192 = 90（分）
数学的分数是
192 - 94 = 98（分）。

开脑洞

数学考试

数学考试十道题，
每对一题得5分。
答错不但不给分，
每道倒扣三分整。
小明不知对几题，
得了二分好伤心。

算一算小明答对了几道题？

试卷上一共有10道题，答对一道题得5分，答错一道题扣3分，小明只得了2分，少得 50 - 2 = 48（分）。

因为只要答错一道题便少得5分，同时还要被扣3分，错一道题实际上扣5 + 3 = 8(分)。

从10道题中去掉答错的题数，余下的当然是答对的题数。

（50 - 2）÷（5 + 3）= 48÷8 = 6（道）

10 - 6 = 4（道）。

所以小明一共答对了4道题。

猜猜你的年龄

你几岁了？

几个小朋友围在一起，说说笑笑，十分热闹。杜小青忽然问身边的张一雅。

女生的年龄是秘密，我不告诉你！

谁知张一雅眨了眨眼睛，调皮地说：

这算什么秘密呀？猜年龄是我的强项。

我的年龄怎么可能随便被猜到！

你不信？那我们就现场演示一下。

我不信，那就演示一下。

42

那好，把你的年龄乘以3，再加上3，再除以3，再减去3，然后把答案告诉我。

张一雅按照杜小青的要求开始计算。

我的答案是10。

这样计算，就会知道我的年龄？不可能！

谁知杜小青脱口而出：

哦，你的年龄是12岁。

居然真的猜对了！

44

各位读者能揭开杜小青的秘密吗？

只要把答案加上 2，就是对方的年龄。如张一雅的年龄可以写成这样的算式：

（她的年龄 ×3 ＋ 3）÷3 － 3=10。只要把最后的答案加上 2 就是她的年龄，即 10 ＋ 2=12 就是张一雅的年龄。

小虎的答案是 8，则 8 ＋ 2=10 就是小虎的年龄。

开脑洞

实际上，这里巧妙地运用了一个恒等关系。

如果 x 是要猜的年龄，可列式：

$$（x×3 ＋ 3）÷3 － 3=x ＋ 1 － 3=x － 2。$$

不管 x 是多少，对方把结果说出来就是把 $x － 2$ 的计算结果告诉了你，把计算结果加上 2，当然就可以猜出对方的年龄了。这个数学游戏适合任何年龄的人，大家可以试着和身边的人玩一玩。

祝你生日快乐

今天是红华学校李力波同学的生日，但他的爸爸妈妈出差去了外地，李力波十分沮丧。

看来没人给我过生日了。唉，真没劲！

放学后，李力波刚走出校门口，同班同学菲菲就追了上来。

李力波，范老师让你到她的办公室去。

祝你生日快乐！

李力波去了老师的办公室，他刚推开办公室的门，范老师、夏亚、小艾、大海和菲菲等人就一齐围了上来，对着他大声喊道：

幸福来得太突然。李力波十分感动一直对老师、同学们说谢谢！

老师给你准备了生日蛋糕，许愿吹蜡烛吧！

李力波看到桌子上已经摆好了生日蛋糕，蛋糕上插了10根蜡烛。大家唱起了生日歌。李力波许愿后吹灭了蜡烛。他觉得自己是世界上最幸福的人。

大家是怎么知道我过生日的呢？我没有告诉别人呀！

你忘了你在入学登记时，已经将生日写上去了吗？我们早就把每一位学生的生日都输进电子档案库里了，随时都可以查出来。

而且我们已经设计好了程序，不用特地去记，到了学生生日那天，电子档案库会自动提醒我们。

老师，非常感谢！

李力波再一次表达了自己心中的感激。

今天，趁着李力波同学生日，我教大家一招，怎么算生日。大家愿不愿意听？

好——

好——

你把出生的具体日期乘以 20，将得到的乘积加上 3，再把相加的结果乘以 5。然后，把这个结果加上生日的月份。

把相加得到的结果乘以 20，再加 3，再把相加的结果乘以 5。最后，把乘积和生日的年份加起来。

过了一会儿，菲菲就计算出来了。

我的计算结果是 281726。

从最后的结果中减去 1515 把最后的结果告诉我。

最后的计算结果是 280211。

哈哈！你的结果是 28、02、11。

出生日期就是 2011 年 2 月 28 日。

对！

48

各位同学知道这一妙招的秘密吗?

以上面的生日 28、02、11 为例。

28×20=560,

560+3=563,

563×5=2815,

2815+2=2817,

2817×20=56340,

56340+3=56343,

56343×5=281715,

281715+11 = 281726,

281726 − 1515 = 280211,

生日也就是 28、02、11。即出生日期就是 2011 年 2 月 28 日。

开脑洞

养鸡

        张李王家三群鸡,不知每家各有几,张李两家一十四,

      李王两家一十七,王张两家一十三,三家各养几只鸡?

这首诗妙就妙在不告知三家养鸡的总数,却告知不同的两家养鸡的数量。

张 + 李 =14,李 + 王 =17,王 + 张 =13。可得（张 + 李 + 王）×2=44。

张 + 李 + 王 =44÷2=22。

王家养鸡数量：（14+17+13）÷2 − 14=22-14=8（只），

李家养鸡数量：17-8=9（只），

张家养鸡数量：13-8=5（只）。

本题还可以用三元一次方程计算。

设张家养鸡 x 只，李家养鸡 y 只，王家养鸡 z 只，根据题意列方程：

$$\begin{cases} x + y = 14 & ① \\ y + z = 17 & ② \\ z + x = 13 & ③ \end{cases}$$

解这个方程，②−③得，$y − x = 4$ ④，

将④+①得，$y = 9$（只），

代入①得，$x = 5$（只），

代入③得，$z = 8$（只）。

答：张家养了 5 只鸡，李家养了 9 只鸡，王家养了 8 只鸡。